# 中国常见海洋生物原色图典

# 鱼 类

总 主 编 魏建功

分 册 主 编 刘 静

分册副主编 孙桂清 付 仲 肖永双

赵春龙 李卫东 王永辉

中国海洋大学出版社

·青岛·

**图书在版编目（CIP）数据**

中国常见海洋生物原色图典. 鱼类／魏建功总主编；
刘静分册主编. —青岛：中国海洋大学出版社，2019.11
（2021.10重印）

ISBN 978-7-5670-1770-2

Ⅰ.①中… Ⅱ.①魏… ②刘… Ⅲ.①海产鱼类—中
国—图集 Ⅳ.①Q178.53-64

中国版本图书馆CIP数据核字（2019）第247268号

| | |
|---|---|
| **出版发行** | 中国海洋大学出版社 |
| **社 址** | 青岛市香港东路23号　　邮政编码　266071 |
| **网 址** | http://pub.ouc.edu.cn |
| **出版人** | 杨立敏 |
| **责任编辑** | 姜佳君　　　　　　　　**电　话**　0532-85901984 |
| **电子信箱** | j.jiajun@outlook.com |
| **印 制** | 青岛国彩印刷股份有限公司 |
| **版 次** | 2020年5月第1版 |
| **印 次** | 2021年10月第2次印刷 |
| **成品尺寸** | 170 mm × 230 mm |
| **印 张** | 12 |
| **字 数** | 120千 |
| **印 数** | 3001~6000 |
| **定 价** | 68.00元 |
| **订购电话** | 0532-82032573（传真） |

# 总前言

　　生命起源于海洋。海洋生物多姿多彩，种类繁多，是和人类相依相伴的海洋"居民"，是自然界中不可缺少的一群生灵，是大海给予人类的宝贵资源。

　　当人们来海滩上漫步，随手拾捡起色彩缤纷的贝壳和海星把玩，也许会好奇它们有怎样一个美丽的名字；当人们于水族馆游览，看憨态可掬的海狮和海豹或在水中自在游弋，或在池边休憩，也许会想它们之间究竟是如何区分的；当人们品尝餐桌上的海味，无论是一盘外表金黄酥脆、内里洁白鲜嫩的炸带鱼，还是几只螯里封"嫩玉"、壳里藏"红脂"的蟹子，也许会想象它们生前有着怎样一副模样，它们曾在哪里过着怎样自在的生活……

　　自我从教学岗位调到出版社从事图书编辑工作时起，就开始调研国内图书市场。有关海洋生物的"志""图鉴""图谱"已出版了不少，有些是供专业人员使用的，对一般读者来说艰深晦涩；还有些将海洋生物和淡水生物混编一起，没有鲜明的海洋特色。所以，在社领导支持下，我组织相关学科的专家及同仁，编创了《中国常见海洋生物原色图典》，以期为读者系统认识海洋生物提供帮助。

　　根据全球海洋生物普查项目的报告，海洋生物物种可达100万种，目前人类了解的只是其中的1/5。我国是一个海洋大国，东部和南部大陆海岸线1.8万多千米，内海和边海的水域面积为470多万平方千米，海洋生物资源十分丰富。书中收录的基本都是我国近海常见的物种。本书分《植物》《腔肠动物 棘皮动物》《软体动物》《节肢动物》《鱼类》《鸟类 爬行类 哺乳类》6个分册，分别收录了146种海洋植物，61种海洋腔肠动物、72种棘皮动物，207种海洋软体动物，151种海洋节肢动物，172种海洋鱼类，11种海洋爬行类、118种海洋鸟类、18种哺乳类。对每种海洋生物，书中给出了中文名称、学名及中文别名，并简明介绍了形态特征、分类地位、生态习性、地理分布等。书中配以原色图片，方便读者直观地认识相关海洋生物。

限于编者水平，书中难免有不尽如人意之处，敬请读者批评指正。

魏建功

# 前言

　　海洋鱼类是重要的海洋生物资源，在海洋食物链中处于较高层次，在海洋生态系统中占据特别重要的地位，并可持续地为人类提供高蛋白食物。辽阔的海域、复杂的地形和底质、多样的海流和气候，孕育了我国海洋鱼类的高度多样性。我国3 000余种海洋鱼类主要分属于软骨鱼纲、辐鳍鱼纲，以浅海暖水性种类居多。其中，1 000余种可食用，包括300余种主要经济鱼类。因此，海洋鱼类与人们生活息息相关，并为众人关注和了解。

　　本书遴选了我国沿海常见的海洋鱼类2纲15目85科138属172种。其中，大部分种类具有重要经济价值，如日本带鱼、大黄鱼、镰鲳等；有一部分种类虽然食用价值不高，但具有较高的观赏性，如豆娘鱼、美肩鳃鳚、镰鱼、狐篮子鱼等；还有很少种类，尽管经济价值不高，也不具观赏性，却是我国沿海很常见的种类，如犬牙缰虾虎鱼。书中每一物种都有简明扼要的形态特征描述与清晰精美的彩色照片相对应，方便图文对照。对每个物种的地理分布、生态习性和经济价值也做了简单介绍。同时，为了便于查询，还提供了别名（包括曾用名）。本书图文并茂，通

1

俗易懂，可为广大读者认识和初步鉴别我国常见海洋鱼类提供参考。本书得到中国科学院战略生物资源服务网络计划生物多样性保护策略项目（项目编号：ZSSD-019）和中国科学院国际合作局国际伙伴计划（项目编号：GJHZ2039）课题资助。

在本书编写过程中，承蒙国内外许多专家的鼎力帮助，在此一并致谢。

刘　静

# CONTENTS

# 目录

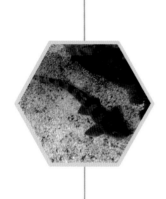

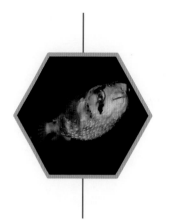

# 软骨鱼纲

软骨鱼有上、下颌，口可以启闭，属于有颌鱼类。软骨鱼的内骨骼完全由软骨组成，常钙化，无真正的骨组织，外骨骼不发达或退化；无膜骨存在；脑颅无缝；体表常被盾鳞；口多为下位，齿多样化；上、下颌发达，上颌由腭方软骨组成，下颌由米克尔氏软骨组成；硬棘有时存在；有的种类每侧有5~7个开口于体外的鳃孔，有的种类每侧有4个鳃孔，外被1片膜状鳃盖，后方有1个总鳃孔；雄鱼腹鳍里侧特化为鳍脚；肠短，具有螺旋瓣；无鳔；无大型耳石；体内受精，卵生、卵胎生或胎生。

全球软骨鱼纲鱼类有970种，我国软骨鱼纲鱼类约有240种。

以下两张图分别以鲨类和鳐类为例，说明软骨鱼纲鱼类外部分区和形态结构。

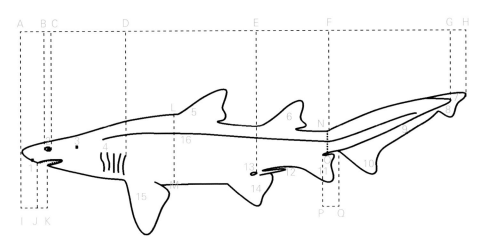

软骨鱼鲨类外部分区与结构示意图

A-D. 头长；D-E. 躯干长；E-H. 尾长；A-H. 全长；A-G. 体长；B-C. 眼径；F-H. 尾鳍长；I-J. 口前吻长；J-K. 口长；L-M. 体高；N-O. 尾鳍高；P-Q. 尾柄长

1. 鼻孔；2. 眼；3. 喷水孔；4. 鳃孔；5. 第一背鳍；6. 第二背鳍；7. 尾鳍上叶；8. 尾鳍下叶后部；9. 尾鳍下叶中部；10. 尾鳍下叶前部；11. 臀鳍；12. 鳍脚；13. 泄殖孔；14. 腹鳍；15. 胸鳍；16. 侧线

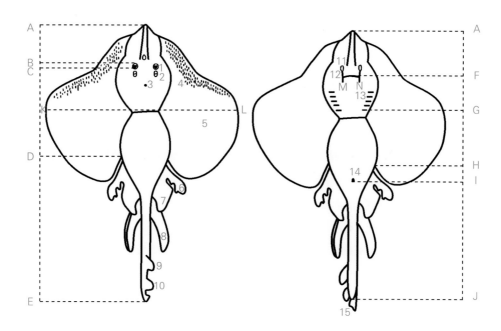

软骨鱼鳐类外部分区与结构示意图

A-G. 头长；G-I. 躯干长；I-J. 尾长；A-E. 全长；A-J. 体长；A-B. 吻长；A-F. 口前吻长；B-C. 眼径；K-L. 体盘宽；M-N. 口宽；

1. 眼；2. 喷水孔；3. 黏液孔；4. 头侧小刺；5. 胸鳍；6. 腹鳍前瓣；7. 腹鳍后瓣；8. 鳍脚；9. 第一背鳍；10. 第二背鳍；11. 鼻孔；12. 鼻口沟；13. 鳃孔；14. 泄殖孔；15. 尾鳍

# 狭纹虎鲨

学　　名　*Heterodontus zebra* (Gray, 1831)

别　　名　虎皮鲨、虎鲨、角鲨

分类地位　虎鲨目虎鲨科虎鲨属

形态特征　身体延长，前部粗大，后部逐渐细小。头略呈方形，吻宽大而圆钝，口裂宽大而平。喷水孔小，位于眼的后缘垂直线下方。有5个鳃孔。身体黄褐色，有20余条宽窄不一的深褐色横纹，宽纹与窄纹往往交替排列，在宽纹与窄纹之间常有1条浅褐色横纹。盾鳞呈"十"字形，排列稀疏，基板呈方形。胸鳍背面有3条横纹。背鳍2个，各有1枚硬棘。尾鳍宽而短，呈帚形，上叶比下叶发达。

生态习性　近海暖水性中小型底层鲨类，行动缓慢，主要以甲壳动物、软体动物、小鱼等为食。卵生。

地理分布　狭纹虎鲨分布于西太平洋，在我国分布于东海、南海。

经济价值　可观赏。

引自 CSIRO National Fish Collection

*3*

# 条纹斑竹鲨

**学　名**　*Chiloscyllium plagiosum* (Bennett, 1830)

**别　名**　狗鲨、沙条

**分类地位**　须鲨目竹鲨科斑竹鲨属

**形态特征**　身体延长，前部略宽扁，后部逐渐变细。头稍平扁，背面正中有1纵列皮嵴。吻很长，前端圆钝。身体灰褐色，腹部白色。背部有12～13条横纹，横纹上及边缘有许多白色斑点，背部正中线上及横纹边缘有时有较大的黑色斑点。头上、体侧和各鳍上散布着白色斑点。2个背鳍大小相近。尾鳍狭长，上叶延长，其中部与后部之间有1个缺刻。

**生态习性**　近海暖水性中小型鲨类，常栖息于浅海岩礁或泥沙底质海藻丛生的环境，显示保护色。行动不活泼，捕食小型无脊椎动物、小鱼等。卵生。

**地理分布**　条纹斑竹鲨分布于印度–西太平洋，在我国分布于东海、南海。

**经济价值**　可观赏。

**保护级别**　被世界自然保护联盟（IUCN）列为近危物种。

# 梅花鲨

学　　名　*Halaelurus buergeri* (Müller & Henle, 1838)

别　　名　猫鲨、豹鲨、沙条

分类地位　真鲨目猫鲨科梅花鲨属

形态特征　身体延长，前部较平扁，后部近圆柱状，向后逐渐变细。头宽扁。口浅弧形。身体黄褐色，背部和体侧有横纹和黑色斑点，斑点三五成群排列，似梅花状。各鳍均有黑色斑点。盾鳞细如绒毛。有2个短小的背鳍，大小和形状相同。尾鳍略小，上叶发达，下叶前部稍微突出，其中部与后部之间有1个缺刻。

生态习性　近海暖水性小型鲨类，常栖息于浅海泥沙底质环境，捕食小型无脊椎动物、小鱼等。卵生。

地理分布　梅花鲨分布于西太平洋，在我国分布于东海、南海。

经济价值　可观赏。

# 皱唇鲨

学　　名　*Triakis scyllium* Müller & Henle, 1839

别　　名　九道箍

分类地位　真鲨目皱唇鲨科皱唇鲨属

形态特征　身体延长，前部粗，后部细。头平扁，吻宽，边缘呈弧形。口弧形。下颌较短，口闭合时上颌齿外露。唇褶发达，外侧有1条深沟。身体背面灰褐色，带紫色，有12～13条褐色横纹，横纹上有大小不一、形状不规则的黑色斑点。各鳍褐色，有时有黑色斑点。盾鳞有3个棘突、2个纵嵴。有2个背鳍，第二背鳍较小。尾鳍狭长，上叶很发达，下叶前部稍突出，其中部与后部之间有1个深缺刻，后部呈小三角形突出，尾端钝圆。

生态习性　近海暖温性小型鲨鱼，常栖息于河口、港湾等浅海，特别是有海藻覆盖的泥沙底质海域，耐受低盐度。捕食小鱼、底栖无脊椎动物等。卵胎生。

地理分布　皱唇鲨分布于西北太平洋，在我国主要分布于黄海、东海，南海少见。

经济价值　可食用，但肉质不佳。可观赏。

# 沙拉真鲨

学　　名　*Carcharhinus sorrah* (Müller & Henle, 1839)

别　　名　沙条、乌翅尾

分类地位　真鲨目真鲨科真鲨属

形态特征　身体呈纺锤形，躯干粗，向头部、尾部逐渐变细。吻长，平扁。口深弧形。上颌齿宽扁，呈三角形，边缘有细齿；下颌齿较窄且尖。上、下颌各有1枚很小的正中齿，每侧通常有12枚齿。身体背部灰褐色，腹部白色。第一背鳍较大，第二背鳍很小。第二背鳍上部、尾鳍下叶前部下端、胸鳍后端各有1个黑色斑块。臀鳍和腹鳍前部颜色较深。尾略侧扁，尾鳍宽而长，上叶仅见于近尾端处，下叶前部呈明显的三角形突起，尾鳍基上、下方各有1个凹陷。

生态习性　暖水性中小型鲨类。幼鱼栖息于泥沙底质浅海，成鱼则生活于较深海域。行动敏捷，游泳迅速，性凶猛，捕食鱼类、头足类、甲壳动物等。胎生。

地理分布　沙拉真鲨分布于印度–西太平洋，在我国分布于东海、南海。

保护级别　被IUCN列为近危物种。

沙拉真鲨的牙齿

# 丁氏双鳍电鳐

学　　名　*Narcine timlei* (Bloch & Schneider, 1801)

别　　名　电鳐、电鲂、雷鱼

分类地位　电鳐目双鳍电鳐科双鳍电鳐属

**形态特征**　体盘宽大，近圆形，向后逐渐变细。吻长而宽，边缘弧形。口很小，较平，口前有1条深沟。齿带能翻出口外，齿细小，呈铺石状排列。雌鱼齿稍尖，雄鱼齿有1个尖而长的突起。身体背面锈褐色，密布中等大小的褐色圆斑，有时圆斑相连形成形状不规则的条纹。各鳍颜色与体色相同，鳍上也有少许圆斑。2个背鳍大小几乎相等。尾鳍宽大，呈帚形，上、下叶同样发达。

**生态习性**　近海暖水性底层鱼类，栖息于泥沙底质环境，肉食性，以小型无脊椎动物为食。

**地理分布**　丁氏双鳍电鳐分布于印度–西太平洋，在我国分布于东海南部、南海。

**经济价值**　可观赏。

引自 Shinji

# 斑纹犁头鳐

学　　名　*Rhinobatos hynnicephalus* Richardson, 1846

别　　名　犁头鲨、魟仔

分类地位　鳐目犁头鳐科犁头鳐属

形态特征　身体延长，平扁，向后逐渐变窄。头非常平扁。吻长，背面观略呈三角形，前端钝尖。上、下颌齿细小而多，呈铺石状排列。身体背面褐色，腹面白色。除了背鳍、尾鳍和吻部外，全身密布褐色斑点或蠕虫状花纹。身体背面和腹面均被细小的盾鳞。2个背鳍形状相同，大小几乎相等。胸鳍宽大，向前延伸至吻侧后方。腹鳍狭长，雄鱼鳍脚呈管状。尾鳍短小，上叶较大，下叶不突出。

生态习性　近海暖水性中小型底栖鱼类，栖息于泥沙底质环境，以小型甲壳动物、鱼类为食。

地理分布　斑纹犁头鳐分布于西北太平洋，在我国沿海均有分布。

保护级别　被IUCN列为近危物种。

# 鲍氏鳐

学　　名　*Okamejei boesemani* (Ishihara, 1987)

别　　名　老板鱼

分类地位　鳐目鳐科瓮鳐属

形态特征　体盘呈菱形，前缘斜直或波曲，后缘弧形，体盘最宽处在体盘后半部。头和吻前端尖而突出。口大，浅弧形。齿小，呈铺石状排列。喷水孔近椭圆形，紧位于眼后。有5个鳃孔。身体背面褐色，腹面白色。背面散布许多由黑色小点组成的花状斑块，有时斑块在体盘两侧对称排列。体表无鳞。体盘背面有结刺和小刺。尾上结刺：雌鱼为5纵行，雄鱼多为3纵行，幼鱼为1纵行。有2个很小的背鳍。胸鳍向前延伸至吻侧中部，两侧胸鳍里角各有1个环状斑。腹鳍前部突出，呈趾状；雄鱼鳍脚后部宽扁，末端尖。尾鳍上叶短小，下叶几乎消失。

生态习性　近海暖水性中小型底栖鱼类，栖息于水深90 m以内海域。

地理分布　鲍氏鳐分布于西北太平洋，在我国分布于黄海、东海、南海。

经济价值　可食用。

# 汤氏团扇鳐

学　　名　*Platyrhina tangi* Iwatsuki, Zhang & Nakaya, 2011

别　　名　团扇、名团鳐、魟鱼、沙狗母

分类地位　鳐目团扇鳐科团扇鳐属

形态特征　身体平扁，呈团扇形，肩区最宽。口横裂，浅弧形。齿细小而多，呈铺石状排列。雌鱼齿有1个横嵴，雄鱼齿较尖而突出。身体背面棕褐色或灰褐色，腹面白色。眼上方、头后部和肩区的结刺基底呈橙黄色，周围蓝色。身体背面有细小的结刺，脊椎线上自头后至第二背鳍前方有1纵行大而尖锐的结刺，尾部背面中央有1纵行结刺，每侧肩区有2对结刺，喷水孔上方有2～3个结刺，眼眶上角及其前方、后方外侧各有1个小结刺。2个背鳍形状相同，位于尾的后半部。尾平扁，粗而长，向后逐渐变细，侧褶发达。尾鳍狭长，上叶略比下叶大。

生态习性　近海暖水性底层鱼类，常栖息于泥沙底质环境。活动能力差，仅能利用强壮的尾部左右摆动前进。通常蛰伏于底层，伺机捕捉食物，主要以小型甲壳动物、软体动物等为食。卵胎生。

地理分布　汤氏团扇鳐分布于西北太平洋，在我国分布于东海、南海。

经济价值　可食用。

# 尖嘴魟

学　　名　*Dasyatis zugei* (Müller & Henle, 1841)

别　　名　尖鲂、甫鱼、老板鱼

分类地位　鲼目魟科魟属

形态特征　体盘略呈斜方形，最宽处在体盘中部稍后。吻长而尖，明显突出。眼小，稍突起。口小，波状弯曲。齿细小，紧密排列。雌鱼齿平扁，雄鱼齿尖利。身体背面黑褐色或灰褐色，边缘颜色较浅；腹面白色，边缘灰褐色。幼鱼背面光滑，随着生长，背面正中出现几个结刺，成鱼脊椎线上有1纵行结刺。胸鳍前缘凹入，与吻端夹角为30°～40°。无背鳍。尾鞭状，有1～2个尾刺。

生态习性　暖温性中小型底栖鱼类，常出现于泥沙底质的珊瑚礁和河口，以小鱼、甲壳动物为食。卵胎生。

地理分布　尖嘴魟分布于印度-西太平洋，在我国分布于黄海、东海、南海。

经济价值　可食用，肉质较粗。尾毒液及尾刺可入药。肝可提炼鱼肝油。

小贴士

尖嘴魟的尾刺有毒腺，是有毒鱼类。

# 辐鳍鱼纲

辐鳍鱼纲鱼类属于有颌鱼类，是脊椎动物中最大的类群。辐鳍鱼纲鱼类的内骨骼或多或少骨化，有骨髓；脑颅被膜骨，有顶骨、额骨、犁骨和副蝶骨；一般具有背肋骨和腹肋骨；肩带发达，主要由膜骨组成；体被硬鳞、圆鳞或栉鳞，有些特化为骨鳞或消失；鳃裂外被骨质鳃盖，每侧有1个外鳃孔；尾鳍一般为正尾形；耳石坚实；有鳔或无鳔；无口鼻沟；无泄殖腔，无鳍脚。

全球的辐鳍鱼纲鱼类有26 891种，我国辐鳍鱼纲鱼类有4 764种。

下图为辐鳍鱼纲鱼类外部分区与结构示意图。

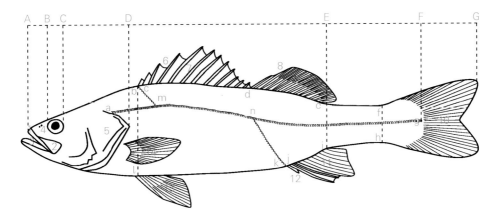

辐鳍鱼纲鱼类外部分区与结构示意图

A-D. 头长；D-E. 躯干长；E-G. 尾长；A-F. 体长；A-G. 全长；A-B. 吻长；B-C. 眼径；C-D. 眼后头长；E-F. 尾柄长；b-l. 体高；f-h. 尾柄高；a-g. 侧线；c-d. 第一背鳍基底；d-e. 第二背鳍基底；i-j. 臀鳍基底；k. 肛门；c-m. 侧线上鳞；n-j. 侧线下鳞
1. 前颌骨；2. 上颌骨；3. 下颌骨；4. 鼻孔；5. 鳃盖骨；6. 第一背鳍；7. 背鳍鳍棘；8. 第二背鳍；9. 背鳍鳍条；10. 尾鳍；11. 臀鳍；12. 臀鳍鳍棘；13. 腹鳍；14. 胸鳍

# 日本鳗鲡

学　　名　*Anguilla japonica* Temminck & Schlegel, 1847

别　　名　白鳗、日本鳗、白鳝、鳗鱼

分类地位　鳗鲡目鳗鲡科鳗鲡属

形态特征　身体延长，呈蛇状。头呈钝锥状，吻钝尖。眼较小，埋于皮下。躯干部呈圆柱状。背部深绿褐色，有时隐约有颜色较深的斑块；腹部白色。体被细长的小鳞，呈席纹状排列，埋于皮下。侧线孔明显。胸鳍短小。背鳍、臀鳍发达，与尾鳍相连续，后缘均为黑色。无腹鳍。尾部侧扁。

生态习性　降河性洄游鱼类，常栖息于江河、湖泊、水库、洞穴中，喜暗，怕光，昼伏夜出。摄食小鱼、田螺、蛏、沙蚕、虾、蟹、桡足类、水生昆虫等。

地理分布　日本鳗鲡分布于亚洲水域，在我国分布于沿海、各大江河的干流和支流、通江湖泊。

经济价值　上等食用鱼类，肉质细嫩，营养价值高。具有药用价值。目前我国东南沿海有养殖。

保护级别　被IUCN列为濒危物种。

# 海鳗

学　　名　*Muraenesox cinereus* (Forsskål, 1775)

别　　名　黄鳗、钱鳗、灰海鳗、海鳗

分类地位　鳗鲡目海鳗科海鳗属

形态特征　身体延长。头呈锥状，吻尖而突出，眼椭圆形。躯干部近圆柱状，身体背部及体侧深褐色或银灰色，腹部乳白色。体表无鳞，皮肤光滑。侧线孔明显。背鳍、臀鳍、尾鳍发达并相连，边缘均为黑色。胸鳍发达，尖而长，浅褐色。尾部侧扁。

生态习性　近海暖水性底栖鱼类，栖息于泥沙底质的低潮区或岩礁周围，有时进入河口区和淡水水域。游泳迅速，性凶猛，肉食性，摄食虾、蟹、小鱼。

地理分布　海鳗分布于印度-西太平洋，在我国沿海均有分布。

经济价值　上等食用鱼类，肉质细嫩，肉味鲜美。鳔可制鱼肚或鱼胶，肝可制鱼肝油。

# 鳓

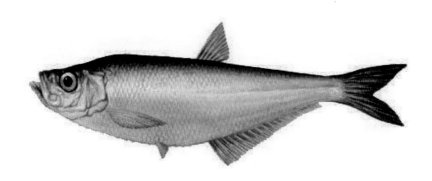

学　名　*Ilisha elongata* (Bennett, 1830)

别　名　白鳞鱼、曹白鱼、自立鱼、力鱼、白力、长鳓

分类地位　鲱形目锯腹鳓科鳓属

形态特征　身体延长，侧扁而高，背部窄。头顶平坦，有隆起的骨棱。口上翘。脂眼睑发达，遮盖眼的1/2。身体背部灰青色，体侧和腹部银白色。体被薄圆鳞，易脱落，腹部有锐利的棱鳞。无侧线。有1个背鳍，浅青色，有黑色小点。尾鳍叉形，青黄色，后部也有黑色小点。背鳍和尾鳍边缘灰黑色，其余鳍颜色较浅。

生态习性　近海暖水性洄游鱼类，喜群居，白天在中下层水域活动，晚上或阴天在中上层水域活动，有时进入河口或低盐度水域。幼鱼以浮游动物为食，成鱼则捕食虾、蟹、头足类、多毛类、小鱼等。

地理分布　鳓分布于印度-西太平洋，在我国沿海均有分布。

经济价值　重要的经济鱼类，肉味鲜美。可入药。

# 斑鰶

学　名　*Konosirus punctatus* (Temminck & Schlegel, 1846)

别　名　春鰶、斑点水滑、气泡鱼、棱鲫

分类地位　鲱形目鲱科斑鰶属

形态特征　身体极侧扁，侧面观呈长椭圆形。吻短而钝。脂眼睑发达，遮盖眼的1/2。口内无齿。鳃盖后上方有1个绿色大斑。头和身体背部青绿色，体侧下方和腹部银白色。头部无鳞；体被较小的圆鳞，不易脱落。鳞片有1条横沟线。体侧上半部的鳞有褐绿色小斑，相连形成7~9条褐绿色点状纵纹。腹部有明显的棱鳞。无侧线。有1个背鳍，最后的鳍条延长为丝状，末端可至尾柄。背鳍、胸鳍、尾鳍浅黄色，腹鳍、臀鳍颜色较浅。背缘、臀鳍后缘均为黑色。尾鳍深叉形。

生态习性　近海暖温性中上层小型洄游鱼类，栖息于水深50 m以内，广盐性，喜结群。摄食硅藻、有孔虫、纤毛虫等浮游生物，也摄食小型底栖腹足类、甲壳动物等。

地理分布　斑鰶分布于印度-太平洋，在我国沿海均有分布。

经济价值　可食用，肉质细嫩，肉味鲜美，是大众喜爱的经济鱼类。

# 多齿蛇鲻

学　　名　*Saurida tumbil* (Bloch, 1795)

别　　名　狗母鱼、狗母、长蜥鱼

分类地位　仙女鱼目狗母鱼科蛇鲻属

形态特征　身体延长，前部近圆柱状，后部稍侧扁。吻尖。脂眼睑发达。眼间隔微凹。口裂延伸至眼的远后下方。身体背部棕色，腹部颜色较浅。体侧隐约有1列斑点。体被圆鳞，头后背部、鳃盖及颊部皆被鳞，鳞片不易脱落，排列整齐。胸鳍和腹鳍基部有发达的腋鳞。侧线平直，侧线上的鳞片突出，在尾柄部更明显。有1个长而大的背鳍，脂鳍小。背鳍、胸鳍、尾鳍略呈青灰色。腹鳍后部鳍条较长。臀鳍与脂鳍相对。尾鳍叉形。

生态习性　近海暖水性底层鱼类，常栖息于泥沙底质环境，有时将身体埋入沙中，伺机捕食猎物。肉食性，以底栖动物为食。

地理分布　多齿蛇鲻分布于印度–西太平洋，在我国分布于东海、南海。

经济价值　可食用。

# 黑鮟鱇

学　　名　*Lophiomus setigerus* (Vahl, 1797)

别　　名　蛤蟆鱼、海蛤巴、海蛙、丑鱼、大嘴鱼

分类地位　鮟鱇目鮟鱇科黑鮟鱇属

形态特征　身体柔软。前部呈圆盘状，较平扁；后部圆柱状，向后逐渐变细。口宽大。身体背部黑褐色或紫褐色，有形状不规则的深棕色网纹；腹部颜色较浅。体表无鳞。头部周围、体侧及背部有细小的突起或发达的分支状突起。第一背鳍有5枚分离的鳍棘，第一鳍棘位于吻端，细长如杆状，其尖端有1个皮质穗状的吻触手。第二背鳍和臀鳍位于尾部。胸鳍发达，支鳍骨形成1个假臂构造，埋于皮下。腹鳍喉位。臀鳍白色。尾柄短，尾鳍后缘近截形。

生态习性　近海暖水性底层鱼类，栖息于水深40～50 m的泥沙底质环境，行动迟缓，常匍匐于海底。摄食小鱼和虾，通常以吻触手引诱猎物。

地理分布　黑鮟鱇分布于印度-西太平洋，在我国分布于东海、南海。

经济价值　可食用。

引自 OpenCage.info

# 鲛

| | | |
|---|---|---|
| 学　　名 | *Planiliza haematocheilus* (Temminck & Schlegel, 1845) |

**学　　名**　*Planiliza haematocheilus* (Temminck & Schlegel, 1845)

**别　　名**　梭鱼、红目鲢

**分类地位**　鲻形目鲻科龟鲛属

**形态特征**　身体延长，前部近圆柱状，后部侧扁，背缘平直，腹缘弧形。头稍平扁，两侧隆起。脂眼睑不发达，仅存在于眼的边缘。身体背部青灰色，腹部银白色。体侧上半部有数条黑色纵纹。头被圆鳞，头顶鳞片始于前鼻孔上方；体被大的弱栉鳞；第二背鳍、臀鳍、腹鳍、尾鳍均被小圆鳞。无侧线。各鳍浅灰色，臀鳍几乎与第二背鳍相对，尾鳍叉形。

**生态习性**　近海暖温性底层鱼类，可栖息于河口，耐寒，性活泼，善跳跃逆游。成鱼以腐败有机质及泥沙中的小生物为食。

**地理分布**　鲛分布于西北太平洋，在我国沿海均有分布。

**经济价值**　我国北方沿海人工养殖对象之一，肉味鲜美，经济价值高。

# 花鳍燕鳐

**学　　名**　*Cypselurus poecilopterus* (Valenciennes, 1847)

**别　　名**　飞鱼、燕鱼

**分类地位**　颌针鱼目飞鱼科燕鳐属

**形态特征**　身体延长，呈梭形，略侧扁。额顶部较宽，吻短钝。身体背部青蓝色，腹部银白色。头上除吻部和颊部无鳞外，其余部分均被鳞；体被圆鳞，大而薄，易脱落。胸鳍长而大，向后延伸至背鳍基部后方，其上有长卵圆形或短带状的斑点，近下缘的1/3处无斑点。有1个背鳍，有时有花斑。腹鳍长，向后延伸至臀鳍基部后方，有时有花斑。尾鳍发达，深叉形，下叶较长。

**生态习性**　近海暖水性中上层鱼类，常栖息于水质清澈的表层，成群洄游。遇鲯鳅、鲨鱼等敌害追逐而受惊吓时，即迅速摆动尾鳍，跃出水面，展开其特化的胸鳍和腹鳍，在空中滑翔，每次滑翔距离可达数十米。趋光性强。主要摄食桡足类等浮游动物。

**地理分布**　花鳍燕鳐分布于印度-西太平洋，在我国分布于东海至中沙群岛海域。

**经济价值**　可食用，肉质一般。

引自 www.zoopicture.ru

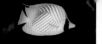

# 斑鱵

| | | |
|---|---|---|
| 学　　名 | *Hemiramphus far* (Forsskål, 1775) |
| 别　　名 | 单针鱼、针鱼、水针 |
| 分类地位 | 颌针鱼目鱵科鱵属 |

**形态特征**　身体细长，侧扁，背缘、腹缘稍隆起。吻较长，前端尖锐，黑色。上颌颌间骨愈合成1个三角形，背侧中央有1条微微隆起的线。下颌突出形成1个扁平针状喙，黑色，喙部两侧及腹侧各有1个皮质瓣膜。身体背部浅灰蓝色，腹部银白色。体侧自胸鳍上缘至尾鳍基有1条银灰色纵带和5～7个横斑。体被薄圆鳞，易脱落。有1个背鳍，位于身体后部，背鳍前部鳍条黑色。臀鳍与背鳍相对。尾鳍叉形，后缘黑色。

**生态习性**　近海暖水性中上层鱼类，栖息于水质较清澈的海域，喜集群，游泳迅速，常跃出水面逃避敌害。摄食浮游生物。

**地理分布**　斑鱵分布于印度-西太平洋，在我国分布于东海、南海。

**经济价值**　可食用经济鱼类。

引自 Sahat Ratmuangkhwang

# 日本松球鱼

学　　名　*Monocentris japonica* (Houttuyn, 1782)

别　　名　松球鱼、菠萝鱼、刺球

分类地位　金眼鲷目松球鱼科松球鱼属

形态特征　身体高而侧扁，侧面观呈椭圆形。头前端圆钝，吻突出，边缘弧形；下颌包于上颌内。头及两颌有黑色条纹，头无鳞。身体橙黄色至黄褐色，鳞片有黑边。体被骨板状大鳞，大鳞彼此相接成体甲。鳞中央部分有尖突的棱或棘，彼此相连而形成数条棱嵴突。腹部中央有1条粗大的棱嵴。除第一背鳍外，其他鳍红色，微带黄色，边缘黑色。背鳍鳍棘部和鳍条部分离，鳍棘间无膜相连，鳍棘可平卧于背棘沟中。腹鳍有1枚粗壮的大棘，鳍条退化。尾柄短，尾鳍后缘浅凹形。

生态习性　暖温性底栖鱼类，栖息于较深海域的底层或岩石洞穴附近，常成群游动。主要以浮游动物为食。

地理分布　日本松球鱼分布于印度-西太平洋，在我国沿海均有分布。

经济价值　可观赏。

# 点带棘鳞鱼

**学　名**　*Sargocentron rubrum* (Forsskål, 1775)

**别　名**　金鳞甲、铁甲、红鲩

**分类地位**　金眼鲷目金鳞鱼科棘鳞鱼属

**形态特征**　身体延长，稍侧扁，侧面观呈长椭圆形。吻短而突出，眼间隔微凹。前鳃盖骨后下角有1条扁平的强棘，几乎延伸至胸鳍基部，鳃盖骨后上方有2枚扁平的短棘。身体红色，腹部颜色较浅，体侧沿鳞的中央有7～9条银白色纵带。体被大的强栉鳞，鳞缘上锯齿较尖锐。有1个背鳍，鳍条前缘深红色。腹鳍鳍膜深红色。臀鳍与背鳍相对，形状相同，鳍条前缘深红色。尾鳍深叉形，上、下叶外缘深红色。

**生态习性**　暖水性底层小型鱼类，栖息于近海岩礁或珊瑚礁周围，喜集群。肉食性，主要捕食小型甲壳动物、鱼类。

**地理分布**　点带棘鳞鱼分布于印度–西太平洋，在我国分布于东海、南海。

**经济价值**　可食用，肉质一般。可观赏。

# 海蛾鱼

学　　名　*Pegasus laternarius* Cuvier, 1816

别　　名　短海蛾鱼

分类地位　刺鱼目海蛾鱼科海蛾鱼属

形态特征　身体宽短、平扁。头平扁，背面观呈三角形，眼突出于头的背缘。吻稍突出，两侧各有1条隆起的棱，背侧和腹侧各有2条隆起的棱，棱上有锯齿状小棘。身体背部浅褐色至灰褐色，吻部、腹部、尾部浅棕色。体表无鳞，背部有4对骨板和4列隆起的棱，腹部有5对骨板，尾部有11节尾环骨板。胸鳍宽大，翼状，可水平展开。背鳍、胸鳍、尾鳍上有大小不等的褐色斑点。尾部较短，四棱状，背面有1～2条横带。尾鳍细长，后缘截形。

生态习性　暖水性底层小型鱼类，通常栖息于水深50 m以内的泥沙底质环境。

地理分布　海蛾鱼分布于印度−西太平洋，在我国分布于东海、南海。

经济价值　可入药。

引自 Izuzuki

# 宝珈枪吻海龙

**学　　名**　*Doryichthys boaja* (Bleeker, 1850)

**别　　名**　海龙

**分类地位**　刺鱼目海龙科枪吻海龙属

**形态特征**　身体细长，鞭状。头细长而尖。吻细长，管状。上、下颌短小，稍能伸缩，无齿。身体浅褐色，每一骨环上均有1条颜色较深的垂直带。体表无鳞，完全被骨质环包裹。体环无纵嵴、无皮瓣，后缘锋锐，各有1个棘状突起。胸鳍扇形。背鳍较长，始于最末体环，止于第9节尾环。臀鳍短小，紧位于肛门后方。尾鳍长，后缘弧形。

**生态习性**　近海暖水性小型鱼类，常栖息于水质清澈、风平浪静的海域中的海藻上，游泳缓慢。雄鱼尾部前方腹面有1个由左、右2片皮褶形成的孵卵囊。交配时，雌鱼产卵于雄鱼孵卵囊内，卵在囊内受精孵化。以口吸食小型浮游甲壳动物。

**地理分布**　宝珈枪吻海龙分布于西太平洋，在我国分布于东海、南海。

**经济价值**　可入药，经济价值高。

引自 Vassil

# 三斑海马

学　　名　*Hippocampus trimaculatus* Leach, 1814

别　　名　海马

分类地位　刺鱼目海龙科海马属

形态特征　身体侧扁，腹部突出。头部呈马头状，与躯干部约呈直角。眼上有放射状褐色斑纹。吻细长，管状。身体灰褐色或褐色。体表无鳞，完全被骨质环包裹。躯干部骨环七棱状，尾部骨环四棱状，体侧第1、4、7节骨环的背方各有1个黑色圆斑。背鳍长，较发达。胸鳍短而宽，略呈扇形。臀鳍较小。无腹鳍及尾鳍，尾端卷曲。

生态习性　暖水性小型鱼类，栖息于内湾水质清澈、海藻繁茂的低潮区。体色能随环境的不同而改变，以保护色和拟态来逃避敌害。游泳缓慢，有时可直立游泳，能将尾部卷曲以握附在海藻上。喜摄食活饵，以端足类、桡足类、糠虾类等小型浮游甲壳动物为食。雄鱼有孵卵囊，雌鱼产卵于其中，受精卵由雄鱼孵化。

地理分布　三斑海马分布于印度-太平洋，在我国分布于东海、南海。

经济价值　可入药，经济价值高。可人工养殖。

保护级别　被IUCN列为易危物种。

# 鳞烟管鱼

学　　名　*Fistularia petimba* Lacepède, 1803

别　　名　马鞭鱼、枪管、火管梭、土管

分类地位　刺鱼目烟管鱼科烟管鱼属

形态特征　身体延长，呈鞭状，前部稍平扁，后部近圆柱状。头长。吻延长，呈管状。吻背侧有2条平行嵴，在吻端接近；吻的侧缘有嵴，嵴上有锯齿状细棘。下颌长于上颌。身体红色，腹部颜色稍浅。皮肤光滑、裸露。侧线完全，在背鳍和臀鳍后方有嵴状侧线鳞。有1个背鳍，无棘。臀鳍与背鳍几乎相对，形状几乎相同。尾鳍褐色，叉形，中间鳍条延长，呈丝状。

生态习性　近海暖水性底层鱼类，栖息于泥沙底质海域，常成群静止于水中，靠尾部小幅度摆动前进。肉食性，以长吻吸食小鱼、虾或其他无脊椎动物。

地理分布　鳞烟管鱼分布于印度-太平洋，在我国分布于黄海、东海、南海。

经济价值　可食用。

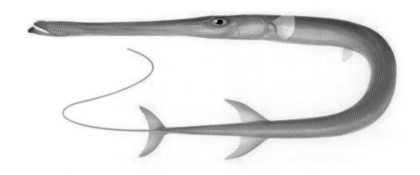

引自 Jens Peterson

# 花斑短鳍蓑鲉

**学　　名**　*Dendrochirus zebra* (Cuvier, 1829)

**别　　名**　狮子鱼、红虎、花斑短蓑鲉

**分类地位**　鲉形目鲉科短鳍蓑鲉属

**形态特征**　身体延长，呈梭形，侧扁。吻缘有2对丝状皮须，下颌中间及两侧各有1条长须，颊部有黑红色斑块。身体红色，体侧有5条黑红色宽横带，较大个体在宽横带之间另有1条黑红色窄横带。有1个长而大的背鳍，鳍棘上有斑纹。胸鳍宽大，延伸至臀鳍基底末端，下方有1枚游离鳍条。腹鳍长而大，延伸至臀鳍起点后。尾鳍后缘弧形。

**生态习性**　热带礁区鱼类，常栖息于近海岩礁、碎石或珊瑚礁周围。摄食甲壳动物、小鱼。

**地理分布**　花斑短鳍蓑鲉分布于印度–太平洋，在我国分布于东海、南海。

**经济价值**　可观赏。

# 褐菖鲉

小贴士

褐菖鲉的头棘、各鳍鳍棘有毒腺，人被刺后会感到剧痛。

**学　　名**　*Sebastiscus marmoratus* (Cuvier, 1829)

**别　　名**　石狗公、石头鱼

**分类地位**　鲉形目鲉科菖鲉属

**形态特征**　身体延长，侧扁。眼突出于头背缘，前鳃盖骨和鳃盖骨后缘有棘。体色随环境变化而多变，呈褐色或褐红色，腹部颜色浅。除胸部和腹部被圆鳞外，其余均被栉鳞；两颌、吻部和颊部无鳞。体侧在侧线上方有数条明显的黑色或深褐色横纹，侧线下方的横纹不明显。各鳍褐色或红褐色，散布斑点和斑块。

**生态习性**　近海暖温性底层鱼类，常栖息于岩礁附近，有洄游至深海区越冬的习性。以小鱼、虾、软体动物等为食。卵胎生。

**地理分布**　褐菖鲉分布于西太平洋，在我国分布于黄海、东海、南海。

**经济价值**　可食用，肉味鲜美，产量不高。

# 翼红娘鱼

学　　名　*Lepidotrigla alata* (Houttuyn, 1782)

别　　名　红娘鱼、红双角鱼、角鱼、鸡鱼

分类地位　鲉形目鲂鮄科红娘鱼属

形态特征　身体延长，稍侧扁，躯干前部稍粗，向后逐渐变细。上颌突出，中央有1个缺刻，鳃盖骨有2枚棘。身体红色，腹部白色或浅红色。头和身体无斑纹。体被栉鳞；胸部和腹部前半部无鳞；头部被骨板，无鳞。有2个背鳍，第一背鳍第4～7枚鳍棘之间的鳍膜上部有1个红色大斑。胸鳍长而大，里侧茶绿色，胸鳍末端延伸至臀鳍第5枚鳍条上方，下方有3枚指状游离鳍条。臀鳍白色。尾鳍后缘浅凹形。

生态习性　近海暖温性中小型底层鱼类，常成群栖息于泥沙底质环境，有短距离洄游的习性。可利用胸鳍指状鳍条匍匐于水底和掘土觅食，也可利用宽大的胸鳍翔游。以鱼、虾、软体动物及其他无脊椎动物为食。鳔发达，可发声。

地理分布　翼红娘鱼分布于西北太平洋，在我国沿海均有分布。

经济价值　可食用。

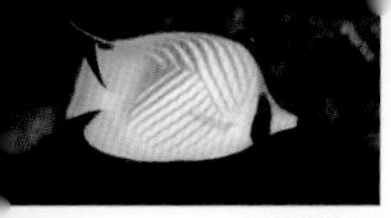



# 花鲈

**学　　名**　*Lateolabrax japonicus* (Cuvier, 1828)

**别　　名**　鲈鱼、寨花、鲈板

**分类地位**　鲈形目花鲈科花鲈属

**形态特征**　身体延长，侧扁，略呈纺锤形。吻较长，尖而突出。下颌比上颌突出，前鳃盖骨后缘有锯齿。身体背部青灰色，腹部灰白色。体侧在侧线以上及背鳍上散布黑色斑点。体被栉鳞，不易脱落。各鳍灰白色或灰黑色，背鳍鳍条部后缘黑色。尾鳍浅叉形，边缘黑色。

**生态习性**　暖温性底层鱼类，常栖息于河口。常溯河洄游到淡水水域觅食，秋末到河口产卵，冬季回到近海。性凶猛，摄食小鱼、甲壳动物。

**地理分布**　花鲈分布于西北太平洋，在我国沿海及各大通海江河均有分布。

**经济价值**　可食用，肉味鲜美，有很高的经济价值，是我国北方沿海重要的养殖品种之一。

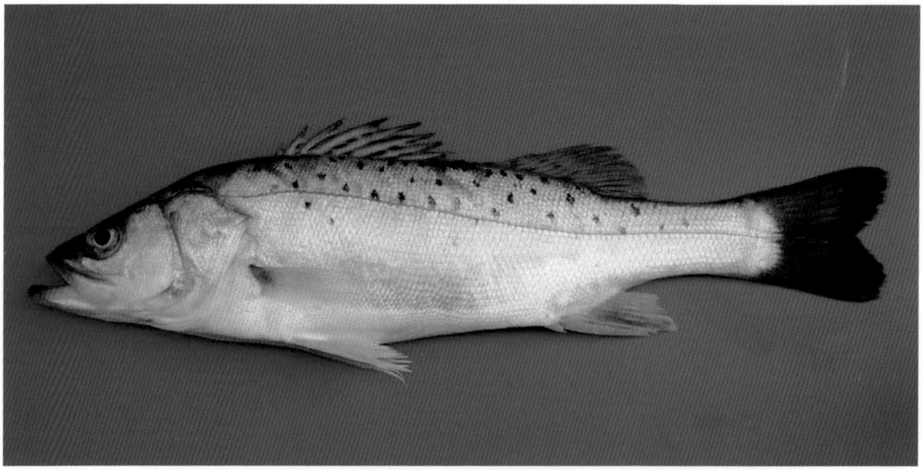

# 横纹九棘鲈

学　　名　*Cephalopholis boenak* (Bloch, 1790)

别　　名　过鱼、石斑、黑丝猫

分类地位　鲈形目鮨科九棘鲈属

形态特征　身体侧扁，侧面观呈长椭圆形。眼间隔窄，前方有1个浅凹。鳃盖骨后上角处有1个黑斑。身体褐色，体侧有7～8条深褐色横带。体被细小栉鳞，头部除吻端和两颌外均被细鳞。侧线完全。各鳍褐色至红褐色。胸鳍长而大，后缘弧形。尾鳍后缘白色。

生态习性　近海暖水性中小型底层鱼类，栖息于岩礁周围。性凶猛，捕食小鱼、甲壳动物。有性逆转现象。

地理分布　横纹九棘鲈分布于印度-西太平洋，在我国分布于东海、南海。

经济价值　可食用经济鱼类，肉味鲜美。

# 驼背鲈

学　　名　*Cromileptes altivelis* (Valenciennes, 1828)

别　　名　老鼠斑

分类地位　鲈形目鮨科驼背鲈属

形态特征　身体延长，非常侧扁，侧面观呈长椭圆形，背缘自眼后部突然隆起。头前端尖而突出。身体浅褐色至褐色，头部、身体及各鳍均密布大小不等的黑色圆斑，体侧圆斑稍大。体被细小栉鳞。各鳍褐色，后缘黑色。胸鳍宽大，基底上方有1个皮瓣。尾鳍后缘弧形。

生态习性　近海暖水性中上层鱼类，栖息于水深40 m以内的岩礁或珊瑚礁周围。肉食性，以无脊椎动物、鱼类为食。

地理分布　驼背鲈分布于西太平洋，在我国分布于东海、南海。

经济价值　名贵的可食用经济鱼类，肉味鲜美，可人工养殖。可观赏。

# 双带黄鲈

学　　名　*Diploprion bifasciatum* Cuvier, 1828

别　　名　皇帝鱼、火烧腰

分类地位　鲈形目鲩科黄鲈属

形态特征　身体延长，侧扁，侧面观呈椭圆形。身体褐黄色，个体较大者身体浅黄色。头部和体侧各有1条黑褐色或蓝褐色横带。体被细小栉鳞，头部除吻部及两颌外均被鳞。第一背鳍棘膜黑褐色，第二背鳍黄色。腹鳍黄褐色，第1~2枚鳍条延长。臀鳍黄色。尾鳍黄色，后缘弧形。

生态习性　近海暖水性小型鱼类，栖息于珊瑚礁或岩礁周围。主要摄食小鱼、甲壳动物。

地理分布　双带黄鲈分布于印度–西太平洋，在我国分布于东海、南海。

经济价值　可观赏。

小贴士

双带黄鲈体表可分泌有毒黏液。

引自 OpenCage.info

引自 Rickard Zerpe

# 青石斑鱼

学　名　*Epinephelus awoara* (Temminck & Schlegel, 1842)

别　名　石斑鱼、过鱼、黄丁斑、花斑、青斑

分类地位　鲈形目鮨科石斑鱼属

形态特征　身体延长，侧面观呈长椭圆形。头部及体侧散布许多橙色小点，颈部有1个不明显的横斑。前鳃盖骨后缘有2～5个锯齿，鳃盖骨后缘有3枚扁棘。头部及身体背部灰褐色，腹部灰黄色或灰白色。体侧有4条深褐色横带，第1条与第2条横带靠近，第3条与第4条横带靠近。体被细小栉鳞，头部被细圆鳞。侧线完全。背鳍和臀鳍的鳍条部后缘及尾鳍后缘黄色，其余鳍均为灰褐色。尾柄有1条横带，尾鳍后缘弧形。

生态习性　暖水性中下层鱼类，常栖息于岩礁缝隙间或岛屿附近，一般不喜集群。以小鱼、甲壳动物、软体动物等为食。有性逆转现象。

地理分布　青石斑鱼分布于西北太平洋，在我国分布于东海、南海。

经济价值　名贵的可食用鱼类，肉质细嫩，肉味鲜美，自然产量有限，我国沿海已实现工厂化人工养殖。

# 玳瑁石斑鱼

**学　　名**　*Epinephelus quoyanus* (Valenciennes, 1830)

**别　　名**　石斑鱼、过鱼、花龟斑、花狗斑

**分类地位**　鲈形目鮨科石斑鱼属

**形态特征**　身体侧面观呈长椭圆形。身体浅黄褐色，头部和身体密布类似六角形、与眼睛等大的深褐色或红褐色斑块，似蜂巢状。胸鳍红褐色，斑点不明显；其余鳍浅黄褐色，密布深褐色斑点。尾鳍后缘弧形。

**生态习性**　近海暖水性中下层鱼类，栖息于岩礁周围。肉食性，摄食鱼类、甲壳动物及其他底栖动物。有性逆转现象。

**地理分布**　玳瑁石斑鱼分布于印度–西太平洋，在我国分布于东海、南海。

**经济价值**　名贵的可食用经济鱼类，肉味鲜美。

# 蓝点鳃棘鲈

学　　名　*Plectropomus areolatus* Rüppell, 1830

别　　名　石斑鱼、过鱼、蓝星斑、西星斑

分类地位　鲈形目鮨科鳃棘鲈属

形态特征　身体延长，侧面观呈长椭圆形。头前端尖而突出。前鳃盖骨后缘有弱棘，下缘有向前的小棘；鳃盖骨有2～3枚扁平棘。身体褐色或红褐色，全身密布镶有黑色边缘的小蓝点。体被细圆鳞，侧线完全。胸鳍黄褐色；其余鳍褐色或深褐色，散布小蓝点。尾鳍后缘截形或浅凹形。

生态习性　暖水性洄游底层鱼类，栖息于岩礁底质近海或珊瑚礁周围。生性凶猛，成鱼主要捕食鱼类，幼鱼以甲壳动物等为食。有性逆转现象。

地理分布　蓝点鳃棘鲈分布于印度–太平洋，在我国分布于东海、南海。

保护级别　被IUCN列为易危物种。

引自 Derek Keats

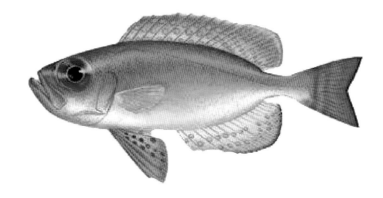

# 短尾大眼鲷

学　　名　*Priacanthus macracanthus* Cuvier, 1829

别　　名　大目、大目连、大眼鸡

分类地位　鲈形目大眼鲷科大眼鲷属

形态特征　身体延长，侧面观呈长椭圆形。吻短钝，口裂几乎垂直，下颌长于上颌。身体红色，腹部颜色稍浅。体被细小而粗糙的栉鳞，坚固而不易脱落。侧线完全。各鳍红色。背鳍、臀鳍、腹鳍的鳍膜间均散布棕黄色斑点。背鳍鳍棘尖锐，平卧时可左右交错折叠于背部浅沟内。尾鳍后缘浅凹形，上、下叶不呈丝状延长。

生态习性　暖水性底层鱼类，栖息于近海礁区，也出现于水深400 m以内较深海域，喜群居。主要摄食甲壳动物、鱼类。

地理分布　短尾大眼鲷分布于印度−西太平洋，在我国主要分布于东海、南海，有时见于黄海。

经济价值　南海底拖网主要捕捞对象之一，产量高，有较高的经济价值。

# 长尾大眼鲷

| 学　　名 | *Priacanthus tayenus* Richardson, 1846 |

**学　　名**　*Priacanthus tayenus* Richardson, 1846

**别　　名**　大目、大木连、目连

**分类地位**　鲈形目大眼鲷科大眼鲷属

**形态特征**　身体延长，侧面观呈长椭圆形。口裂几乎垂直。身体红色，带银白色或浅粉色光泽，腹部颜色较浅。体被细小而粗糙的栉鳞，坚固而不易脱落。各鳍粉色。背鳍鳍棘尖锐，平卧时可左右交错折叠于背部浅沟内。腹鳍内侧鳍膜间有许多褐色斑点。尾鳍后缘浅凹形，上、下叶末端延长，呈丝状。

**生态习性**　近海暖水性中下层鱼类，栖息于水深200 m以内的泥沙底质海域或礁区，喜群居。主要摄食甲壳动物、头足类、鱼类。

**地理分布**　长尾大眼鲷分布于印度–西太平洋，在我国主要分布于东海、南海，偶尔见于黄海南部。

**经济价值**　南海底拖网主要捕捞对象之一，产量较高，有较高的经济价值。

引自 Derek Keats

# 巨牙天竺鲷

学　　名　*Cheilodipterus macrodon* (Lacepède, 1802)

别　　名　大目丁

分类地位　鲈形目天竺鲷科巨牙天竺鲷属

形态特征　身体侧扁，呈长纺锤形。吻较长，尖而突出，下颌稍长于上颌。头和身体背部棕褐色，腹部浅褐色。体侧均匀分布着9～10条橘褐色纵带，幼鱼纵带数较少。体被栉鳞。有2个背鳍，第一背鳍和尾鳍上、下叶外缘深褐色，其余鳍棕褐色。尾柄较长，尾鳍浅叉形，基部中央深褐色。

生态习性　近海暖水性小型鱼类，栖息于岩礁或珊瑚礁周围，以浮游动物、底栖无脊椎动物为食。

地理分布　巨牙天竺鲷分布于印度-太平洋，在我国分布于东海、南海。

经济价值　个体小，无经济价值。

# 斑鱚

学　　名　*Sillago maculata* Quoy & Gaimard, 1824

别　　名　沙钻、沙梭、沙丁鱼、杂色鱚

分类地位　鲈形目鱚科鱚属

形态特征　身体细长，略呈圆柱状，稍侧扁。头圆锥状，吻较长。身体乳白色或浅黄褐色，有银色光泽，体侧散布2～3列形状不规则的褐色斑纹。体被薄弱栉鳞，侧线完全。有2个背鳍，其上散布斑纹。第一背鳍上端及尾鳍上叶末端黑色，其余鳍浅黄色。胸鳍基部有1个斑。尾柄稍短，尾鳍后缘浅凹形。

生态习性　近海暖水性小型底层鱼类，栖息于沙底质环境，也常出现在河口。一旦受到惊吓，喜钻到沙中。摄食多毛类、歪尾类、短尾类、端足类、糠虾类等小型无脊椎动物。

地理分布　斑鱚分布于西太平洋，在我国分布于东海、南海。

经济价值　可食用经济鱼类，肉味鲜美。

# 多鳞鱚

学　　名　*Sillago sihama* (Forsskål, 1775)

别　　名　沙钻、沙梭、沙丁鱼

分类地位　鲈形目鱚科鱚属

形态特征　身体细长，略呈圆柱状，稍侧扁。头端部钝尖，吻较长。身体乳白色，略带浅黄色，有银色光泽。体被弱栉鳞；头部除吻端、两颌外，大部分被鳞。侧线完全，几乎呈直线。第一背鳍前部黑色，有时在第二背鳍鳍膜间有4纵行褐色斑点。尾柄短。尾鳍后缘浅凹形，上、下叶末端灰黑色；其余鳍透明。

生态习性　暖温性小型底层鱼类，栖息于沙底质浅海、河口、红树林水域，有时进入淡水。一旦受到惊吓，喜钻到沙中。摄食长尾类、歪尾类、多毛类、端足类、糠虾类等小型无脊椎动物。

地理分布　多鳞鱚分布于印度–西太平洋，在我国沿海均有分布。

经济价值　可食用经济鱼类，肉味鲜美。

引自 FishBase

# 银方头鱼

| 学　　名 | *Branchiostegus argentatus* (Cuvier, 1830) |

学　　名　*Branchiostegus argentatus* (Cuvier, 1830)

别　　名　方头鱼、马头鱼、白马头

分类地位　鲈形目弱棘鱼科方头鱼属

形态特征　身体延长，侧扁。头部侧面观略呈方形，上颌至头背部呈弧形隆起，头背部至背鳍前方中央线上有1纵行棱嵴。吻部黄色，带浅红色。颊部有1条不明显的银带。身体背部浅红色，腹部白色。体被较大的弱栉鳞，胸部及身体前部被圆鳞。侧线完全。有1个背鳍，背鳍和胸鳍浅粉色。尾鳍后缘双凹形，有黄色点或线，上、下叶边缘白色。

生态习性　近海暖温性中下层鱼类，栖息于水深100 m以内的泥沙底质海域。肉食性，以小鱼、小虾为食。

地理分布　银方头鱼分布于西北太平洋，在我国分布于东海、南海。

经济价值　底拖网捕捞对象之一，可食用，肉味鲜美。

# 乳香鱼

学　名　Lactarius lactarius (Bloch & Schneider, 1801)

别　名　拟鲹

分类地位　鲈形目乳香鱼科乳香鱼属

形态特征　身体稍延长，侧扁，侧面观呈长椭圆形。吻较短，鳃盖上方有1个明显的黑斑。身体呈银灰色，背部略带褐色，腹部乳白色或浅黄色。体被薄圆鳞，极易脱落。侧线完全。2个背鳍和臀鳍的边缘颜色较深。胸鳍长，镰形。臀鳍与第二背鳍形状相同。尾鳍叉形。

生态习性　近海暖水性小型鱼类，栖息于在泥沙底质海域，栖息水深可达100 m。肉食性，以小鱼、小型无脊椎动物为食。

地理分布　乳香鱼分布于印度−西太平洋，在我国分布于东海、南海。

经济价值　可食用经济鱼类，肉质佳。

# 鲯鳅

| | |
|---|---|
| 学　　名 | *Coryphaena hippurus* Linnaeus, 1758 |
| 别　　名 | 鬼头刀 |
| 分类地位 | 鲈形目鲯鳅科鲯鳅属 |

**形态特征**　身体延长而侧扁，向后逐渐变细，背缘和腹缘几乎为直线。头背缘很窄，成鱼头部侧面观略呈方形。额部有1个骨质隆起，并随着年龄增长而增高，雄鱼尤为明显。头和身体背部灰褐色至灰绿色；腹部灰白色，带黄色光泽；体侧散布黑色小点。体被细小圆鳞，侧线完全。有1个背鳍，灰黑色，鳍基很长，几乎沿整个背部，前部鳍条长。胸鳍灰色。腹鳍长，灰黑色，左、右腹鳍相连，部分可收于腹沟中。臀鳍灰黑色。尾柄短，尾鳍深叉形，灰色。

**生态习性**　暖温性中上层洄游鱼类，常成群洄游到外海，有时也出现在近海，喜聚集在浮木或漂浮的海藻下面，游泳迅速。肉食性，主要捕食沙丁鱼、飞鱼等中上层鱼类。

**地理分布**　鲯鳅分布于大西洋、印度洋和太平洋，在我国分布于东海、南海。

**经济价值**　可食用，肉质粗劣。

# 军曹鱼

学　　名　*Rachycentron canadum* (Linnaeus, 1766)

别　　名　锡腊白、海干草、海丽鱼、海鲡

分类地位　鲈形目军曹鱼科军曹鱼属

形态特征　身体延长，略呈圆柱状，稍侧扁。头平扁，下颌稍长于上颌。身体背部深褐色；腹部浅灰色，带黄色。体侧有2条明显的银色纵带。幼鱼的银色纵带上方还有1条灰白色纵带，中间为黑色。体被小圆鳞。各鳍棕褐色至深褐色，尾鳍有白缘。第一背鳍通常有8枚分离的粗壮短棘；第二背鳍与臀鳍形状相同，基底长。尾鳍形状随体长增加而有变化，由尖尾形逐渐变为后缘截形或浅凹形。成鱼尾鳍为深凹形，上叶长于下叶。

生态习性　暖温性中上层洄游鱼类，可栖息于泥沙、碎石、岩礁底质海域及珊瑚礁周围。幼鱼经常与鲨鱼等大型鱼类一起长距离游动，并以大型鱼类吃剩的碎屑为食。成鱼肉食性，以小鱼、甲壳动物、头足类为食。

地理分布　军曹鱼分布于除东太平洋以外的各大洋，在我国分布于黄海、东海、南海。

经济价值　可食用，肉味鲜美，可做生鱼片，经济价值高，在广东、海南、台湾等地有人工养殖。

# 鲫

| 学　　名 | *Echeneis naucrates* Linnaeus, 1758 |
| --- | --- |

别　　名　长鲫、印鱼

分类地位　鲈形目鲫科鲫属

**形态特征**　身体延长，前部扁平，向后逐渐呈圆柱状。头背侧扁平，头的两侧及腹侧微圆、突出。头及身体前部的背侧有1个由第一背鳍形成的长椭圆形吸盘，具有吸附作用，由21～25对横列软骨板组成。吻扁平，前端略尖。头和身体灰黑色，沿眼的上、下缘在头和体侧各有1条灰白色宽纵纹，两纹之间为黑色纵带。除头及吸盘外，体被很小的圆鳞。各鳍灰黑色。尾柄细，前部圆柱状，后部侧扁。幼鱼尾鳍尖而长，上、下缘黄白色，随着年龄增长，尾鳍后缘变为截形或内凹形。

**生态习性**　暖温性上层鱼类，通常单独在近海活动，也会依靠吸盘吸附在鲸、鲨鱼、海龟等动物的身上，漂洋过海。以被吸附动物的残余食物或体外寄生虫为食，也自行捕获浅海的无脊椎动物。

**地理分布**　鲫分布于世界各大洋，在我国沿海均有分布。

**经济价值**　可食用，肉质不佳。可观赏。

引自 NOAA Photo Library

引自 OpenCage.info

# 短吻丝鲹

学　　名　*Alectis ciliaris* (Bloch, 1787)

别　　名　花串、草扇、水晶鲹

分类地位　鲈形目鲹科丝鲹属

形态特征　身体侧扁而高，侧面观呈菱形。头部和身体背部灰蓝色，腹部白色，幼鱼
体侧有4～5条弧形横带。鳞退化，体表光滑。棱鳞细弱，仅存在于侧线直线部的后半部。
侧线发达。第二背鳍和臀鳍的延长鳍条基部各有1个大黑斑，延长鳍条为黑色。第二背鳍
基底长，幼鱼背鳍前部第1～7枚鳍条延长，呈细丝状，随着生长而逐渐变短。幼鱼腹鳍前
部1～3枚鳍条延长，呈丝状。尾鳍叉形。

生态习性　近海暖水性小型中上层鱼类，栖息于沙底质海域。幼鱼游泳能力差。以小
鱼、甲壳动物为食。

地理分布　短吻丝鲹广泛分布于世界各大洋，在我国分布于黄海、东海、南海。

经济价值　可食用经济鱼类。

# 沟鲹

| | | |
|---|---|---|
| **学　　名** | *Atropus atropos* (Bloch & Schneider, 1801) | |

**别　　名**　黑鳍鲳、女儿鲳、古斑、铜镜

**分类地位**　鲈形目鲹科沟鲹属

**形态特征**　身体侧扁，侧面观呈卵圆形。身体背部蓝灰色，腹部银白色，幼鱼体侧有不明显的深色带。体被小圆鳞，只有胸部和腹部一部分裸露无鳞。侧线完全，在胸鳍上方有1个弧形弯曲。有2个背鳍，雄性成鱼第二背鳍和臀鳍中部的数条鳍条延长为细丝状。胸鳍尖而长。腹面有1条深沟，腹鳍可收折于其中，肛门和臀鳍前方的2枚棘也位于此沟内。腹鳍黑色，其余鳍乳白色或浅黄色。臀鳍与第二背鳍相对、形状相同。尾柄细而短，尾鳍叉形。

**生态习性**　近海暖温性中上层鱼类，有时成群游于表层。捕食小型甲壳动物，以长尾类为多，其次是端足类、桡足类、介形类。

**地理分布**　沟鲹分布于印度–太平洋，在我国沿海均有分布。

**经济价值**　可食用经济鱼类，产量较高。

# 蓝圆鲹

学　　名　*Decapterus maruadsi* (Temminck & Schlegel, 1843)

别　　名　巴浪、棍子鱼、鳀咕

分类地位　鲈形目鲹科圆鲹属

形态特征　身体稍侧扁，呈纺锤形。头略呈圆锥状，鳃盖后上角与肩带部交界处有1个半月形黑斑。身体背部蓝灰色，腹部银白色。体被小圆鳞。侧线完全，弯曲部等于或稍长于直线部。有2个背鳍，第二背鳍尖端略呈白色，其下有1个黑斑。胸鳍尖而长，镰形。臀鳍与第二背鳍相对、形状相同，前方有2枚游离的短棘。第二背鳍和臀鳍后方各有1个小鳍。尾鳍叉形。

生态习性　暖水性中上层鱼类，当潮流缓慢、天气晴朗并有东南风时，常聚集成群。白天集群上浮，使海面呈灰黑色；夜间有弱趋光性。主要摄食磷虾类、桡足类、端足类、介形类等浮游动物及小鱼。

地理分布　蓝圆鲹分布于西北太平洋，在我国沿海均有分布。

经济价值　可食用经济鱼类，产量高，为我国东南沿海灯光围网的主要捕捞对象之一。

引自 OpenCage.info

*51*

# 大甲鲹

学　　名　*Megalaspis cordyla* (Linnaeus, 1758)

别　　名　铁甲、铁甲鲹、扁甲

分类地位　鲈形目鲹科大甲鲹属

形态特征　身体稍侧扁，呈纺锤形。头略呈圆锥状，鳃盖后缘上方有1个黑斑。身体背部灰蓝色，带金黄色光泽；腹部银白色。体被小圆鳞，只有胸部侧下方和腹面无鳞，棱鳞在尾柄处连接形成1个明显隆起的嵴。侧线完全，前部弧形，直线部长于弯曲部。背鳍、尾鳍棕黑色，有黑缘。第一背鳍稍高，前方有1枚向前平卧的棘；第二背鳍后方有8~9个分离的小鳍。胸鳍长而大，镰形，基部棕黑色，后端黄色。腹鳍乳白色。臀鳍乳白色，与第二背鳍形状相同，前方有2枚游离的短棘，后方有7~8个分离的小鳍。尾鳍叉形。

生态习性　暖水性中上层洄游鱼类，喜结群，游泳速度快。摄食浮游动物、小鱼等。

地理分布　大甲鲹分布于印度–西太平洋，在我国分布于东海、南海。

经济价值　可食用经济鱼类，肉质佳，产量高。

引自 Port Douglas

# 乌鲳

学　　名　*Parastromateus niger* (Bloch, 1795)

别　　名　黑昌、乌昌、铁板昌、乌鳞鲳

分类地位　鲈形目鲹科乌鲹属

形态特征　身体侧扁而高，侧面观呈卵圆形。身体黑褐色，幼鱼体侧有4～5条宽横带。体被细小圆鳞，侧线鳞在尾柄处较大，鳞上有向后的棘，各棘相连形成1条隆起的嵴。有1个背鳍，幼鱼背鳍有4枚棘，成鱼的棘埋于皮下。胸鳍长而大，镰形。臀鳍与背鳍相对、形状相同。幼鱼臀鳍前部有2枚棘，成鱼的棘消失。幼鱼有黑色腹鳍，成鱼腹鳍消失。尾柄细而短，尾鳍叉形。

生态习性　暖水性鱼类，栖息于水质清澈的海域，喜结群。有弱趋光性，白天栖息于水体底层，晚上则在水体表层活动。以浮游动物如小型水母为食。

地理分布　乌鲳分布于印度–西太平洋，在我国分布于黄海、东海、南海。

经济价值　可食用经济鱼类，在南海产量较高。

# 康氏似鲹

学　　名　*Scomberoides commersonnianus* Lacepède, 1801

别　　名　七星仔

分类地位　鲈形目鲹科似鲹属

形态特征　身体延长而侧扁，呈梭形。身体背部蓝灰色，腹部银白色。生活时体侧沿侧线上方有5～8个铅灰色圆形或椭圆形斑点，死后斑点逐渐消失，幼鱼无斑点。体被菱形小圆鳞，头部无鳞。侧线不太明显。背鳍、臀鳍、尾鳍褐色，胸鳍、腹鳍颜色较浅。第一背鳍有1枚向前平卧的棘和6～7枚末端游离的硬棘，棘可交错收折于基部的沟内；第二背鳍基底长，前部鳍条较长，最后有7～12个半分离的小鳍。臀鳍与第二背鳍形状相同，前方有2枚明显游离的小棘，最后有7～12个半分离的小鳍。尾鳍叉形。

生态习性　近海暖水性中上层鱼类，栖息于泥沙底质海域，也出现于岩礁周围，偶尔出现于河口。以小鱼、头足类为食。

地理分布　康氏似鲹分布于印度-西太平洋，在我国分布于东海、南海。

经济价值　可食用经济鱼类，产量不高。

引自 Brian Gratwicke

# 脂眼凹肩鲹

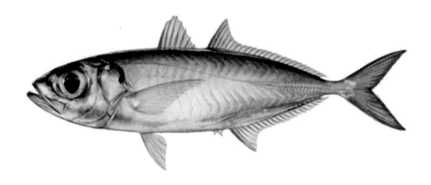

学　　名　*Selar crumenophthalmus* (Bloch, 1793)

别　　名　大目、大目瓜仔

分类地位　鲈形目鲹科凹肩鲹属

形态特征　身体稍侧扁，呈纺锤形。鳃盖上缘有时有1个不明显的黑斑。肩带下角有1个深凹，上缘有1个明显的肉质突起。身体背部蓝灰色，腹部银白色。体被小圆鳞，侧线弯曲部与直线部几乎等长。背鳍灰色，尾鳍有黑缘，其余鳍灰褐色。第一背鳍短，近三角形；第二背鳍基底长，前部鳍条延长，镰形。胸鳍大，镰形。臀鳍与第二背鳍相对、形状相同，前方有2枚粗短的棘。尾柄细，尾鳍叉形。

生态习性　暖水性中上层鱼类，通常聚集成群。滤食性，以浮游动物、底栖无脊椎动物为食。

地理分布　脂眼凹肩鲹分布于世界各大洋，在我国分布于黄海南部、东海、南海。

经济价值　可食用经济鱼类。

# 金带细鲹

学　　名　*Selaroides leptolepis* (Cuvier, 1833)

别　　名　细鲹、木叶鲹

分类地位　鲈形目鲹科细鲹属

形态特征　身体稍侧扁，侧面观呈长椭圆形。鳃盖后上角有1个明显的黑斑。身体背部蓝绿色，腹部银白色，体侧中部从眼上缘至尾鳍基上缘有1条金黄色纵带。体被小圆鳞。侧线弯曲部长于直线部，棱鳞小而弱，仅存在于侧线直线部的后半部。胸鳍、腹鳍乳白色。第一背鳍短，有1枚向前平卧的棘；第二背鳍基底长，前部鳍条较长。胸鳍尖而长，镰形。臀鳍与第二背鳍形状几乎相同，前方有2枚游离的短棘。尾鳍叉形。

生态习性　近海暖水性中上层小型鱼类，栖息于泥沙底质海域，常聚集成群游于水体表层。滤食性，以底栖无脊椎动物和浮游动物如桡足类、长尾类、端足类、介形类等为食。

地理分布　金带细鲹分布于印度-西太平洋，在我国分布于东海、南海。

经济价值　可食用经济鱼类。

# 高体鰤

学　　名　*Seriola dumerili* (Risso, 1810)

别　　名　红甘、红甘鲹、杜氏鰤

分类地位　鲈形目鲹科鰤属

形态特征　身体稍侧扁，呈纺锤形。幼鱼头部有斜带，体侧有5条横带，随着生长，头部斜带和体侧横带逐渐消失或不明显。成鱼体色变化较大。身体呈草绿色或橄榄色；腹部银灰色，带黄色；体侧从吻至尾鳍基有1条金黄色纵带。体被小圆鳞，侧线稍弯曲。各鳍黄褐色。第一背鳍短小，前方有1枚向前平卧的棘，成鱼的棘埋于皮下；第二背鳍基底长。臀鳍与第二背鳍形状相同，前方有2枚游离的短棘。尾柄两侧各有1条皮嵴，尾鳍叉形。

生态习性　暖温性中下层洄游鱼类，栖息于岩礁底质的较深海域，有时成群在近海游动。以小鱼、无脊椎动物为食。

地理分布　高体鰤广泛分布于世界各大洋，在我国沿海均有分布。

经济价值　可食用经济鱼类，肉味鲜美。

# 狮鼻鲳鲹

**学　　名**　*Trachinotus blochii* (Lacepède, 1801)

**别　　名**　金鲳、红杉、黄腊鲳

**分类地位**　鲈形目鲹科鲳鲹属

**形态特征**　身体侧扁而高，侧面观呈卵圆形。身体背部灰绿色，带银蓝色光泽；腹部银白色。体被小圆鳞，有的埋于皮下；头部除眼后方有鳞外，均裸露。侧线完全。背鳍、臀鳍、尾鳍黄褐色，胸鳍深褐色，腹鳍颜色较浅。第一背鳍有1枚平卧的棘（成鱼的棘埋于皮下）和6枚短棘，幼鱼棘间有膜相连，成鱼的膜退化；第二背鳍基底长。臀鳍前方有2枚游离的短棘。尾柄细而短，尾鳍叉形。

**生态习性**　近海暖水性中上层鱼类，栖息于泥沙底质海域，也出现于岩礁周围和半咸水中。以软体动物、甲壳动物为食。

**地理分布**　狮鼻鲳鲹分布于印度-太平洋，在我国沿海均有分布。

**经济价值**　可食用经济鱼类，市场上多为养殖品种。

引自 Izuzuki

# 竹荚鱼

**学　　名**　*Trachurus japonicus* (Temminck & Schlegel, 1844)

**别　　名**　真鲹、巴浪、山鲐鱼、大目鲭

**分类地位**　鲈形目鲹科竹荚鱼属

**形态特征**　身体延长而侧扁，呈长纺锤形。鳃盖后缘有1个黑斑。身体背部青绿色，腹部银白色。体被圆鳞，易脱落。侧线鳞全部为强大棱鳞，直线部棱鳞形成1条明显的棱。胸鳍、臀鳍、尾鳍黄褐色，2个背鳍和腹鳍颜色较浅。第一背鳍有1枚向前平卧的棘和8枚鳍棘。胸鳍长而大，镰形。臀鳍前方有2枚游离的短棘。尾鳍叉形。

**生态习性**　暖温性中上层洄游鱼类，游泳迅速，喜结群，常成群游于水体表层。白天栖息水层较深，夜间有趋光性。幼鱼主要以浮游的甲壳动物、小鱼为食，成鱼摄食桡足类、长尾类、短尾类、小鱼。

**地理分布**　竹荚鱼分布于西北太平洋，在我国沿海均有分布。

**保护级别**　被IUCN列为近危物种。

# 眼镜鱼

学　　名　*Mene maculata* (Bloch & Schneider, 1801)

别　　名　镜框鱼、眼眶鱼、眼镜框、皮刀

分类地位　鲈形目眼镜鱼科眼镜鱼属

形态特征　身体极侧扁，侧面观略呈三角形。背缘浅弧形；腹缘深弧形，呈刀刃状。身体背部深蓝色，腹部银白色或略带黄色。侧线上、下缘散布2～4列圆形或椭圆形蓝黑色斑点。体被微小鳞片，极易脱落。侧线不完全，分2支：一支自鳃盖后角弯曲至背鳍起点前，另一支与背缘平行直至尾柄上方。背鳍前方有4枚退化的鳍棘，埋于皮下。腹鳍有1枚鳍棘、5枚鳍条，幼鱼时鳍条细长，成鱼仅第一鳍条特别延长。幼鱼臀鳍有2枚鳍棘；成鱼臀鳍鳍棘退化，鳍条大部分埋于皮下。尾鳍叉形。

生态习性　暖水性中上层鱼类，栖息于较深水层，有时会到近海觅食，甚至会游到河口，有趋光性。以浮游动物、底栖动物为食。

地理分布　眼镜鱼分布于印度-西太平洋，在我国分布于东海、南海。

经济价值　可食用，产量较高，但经济价值不高。

# 短棘鲾

学　　名　*Leiognathus equulus* (Forsskål, 1775)

别　　名　金钱仔、铜锅盘

分类地位　鲈形目鲾科鲾属

形态特征　身体侧扁而高，侧面观呈卵圆形，背缘轮廓比腹缘轮廓更突出。吻端截形。两颌向前伸出时，形成1个稍向下斜的口管；口闭合时，下颌与体轴呈45°角。身体背部和体侧上半部灰青色，有许多排列紧密但不明显的垂直细纹；体侧下半部银白色。头部无鳞，体被小圆鳞，但胸部裸露。侧线完全。胸鳍腋部黑色，腹鳍乳白色，其余鳍浅黄褐色。有1个背鳍，背鳍和臀鳍基部各有1纵行小棘。尾鳍叉形。

生态习性　近海暖水性中下层鱼类，栖息于泥沙底质海域，有时也会进入河口，常在底层活动，喜结群。以底栖的小型甲壳动物、多毛类等为食。

地理分布　短棘鲾分布于印度–西太平洋，在我国分布于东海、南海。

经济价值　可食用经济鱼类，肉质细嫩。

# 颈斑鲾

学　名　*Nuchequula nuchalis* (Temminck & Schlegel, 1845)

别　名　金钱仔

分类地位　鲈形目鲾科颈斑鲾属

形态特征　身体侧扁而高，侧面观呈卵圆形。两颌向前伸出时，形成1个向下斜的口管；口闭合时，下颌与体轴呈45°角。项部有1个深褐色鞍状斑。身体背部及体侧上半部灰褐色，体侧上半部有形状不规则的褐色斑纹，体侧下半部银黄色，体侧沿体轴有1条黄色纵带，胸部在胸鳍后下方有1个黄斑。体被细小圆鳞，头部及胸部无鳞。侧线明显，沿侧线有1条黄色弧线。有1个背鳍，第2～6枚鳍棘上部有1个黑斑。背鳍和臀鳍基部各有1纵行小棘，背鳍鳍条和臀鳍边缘黄色。胸鳍和腹鳍颜色较浅。尾鳍叉形，后缘深黄色。

生态习性　近海暖水性小型鱼类，常栖息于泥沙底质的水体中下层，有时进入河口，喜集群。肉食性，以小型底栖动物为食。

地理分布　颈斑鲾分布于西北太平洋，在我国分布于黄海、东海、南海。

经济价值　可食用，肉质细嫩，产量尚可，但个体较小，经济价值不高。

# 紫红笛鲷

学　　名　*Lutjanus argentimaculatus* (Forsskål, 1775)

别　　名　红厚唇、红槽鱼

分类地位　鲈形目笛鲷科笛鲷属

形态特征　身体延长而侧扁，侧面观呈长椭圆形，背缘弧度大于腹缘弧度。上颌前端有2枚较大的犬齿，口闭合时露出。身体红褐色，腹部颜色稍浅。幼鱼体侧有7~8条银色横带，成鱼横带消失。体被大栉鳞。各鳍红褐色。有1个背鳍，各鳍棘平卧时可折叠于背部浅沟内。尾鳍后缘近截形或浅凹形。

生态习性　暖水性带底层鱼类，广盐性，幼鱼生活于沿岸浅海、河口、红树林等环境，成鱼则移动至较深海域的礁区。主要摄食甲壳动物、小鱼。

地理分布　紫红笛鲷分布于印度-西太平洋，在我国分布于东海、南海。

经济价值　名贵的可食用经济鱼类，肉味鲜美。

# 红鳍笛鲷

学　　名　*Lutjanus erythropterus* Bloch, 1790

别　　名　红鱼、红槽、红鸡仔、赤海、红笛鲷

分类地位　鲈形目笛鲷科笛鲷属

形态特征　身体延长而侧扁，侧面观呈长椭圆形，背缘弧度大于腹缘弧度。上颌前端有4枚较大的犬齿，口闭合时可露出。身体红色，腹部颜色稍浅。幼鱼自吻沿头背缘至背鳍起点有1条黑褐色斜带。体被大栉鳞；头部除颊部、鳃盖骨上有鳞外，均裸露。侧线完全。各鳍红色。有1个背鳍。尾柄上部有1条黑色鞍状斑，尾鳍浅凹形。

生态习性　近海暖水性中下层鱼类，栖息于水深30～90 m的泥沙或岩礁底质海域。摄食底栖甲壳动物、鱼类。

地理分布　红鳍笛鲷分布于印度–西太平洋，在我国分布于东海、南海。

经济价值　名贵的可食用经济鱼类，产量高，是我国东南沿海重要的捕捞对象之一。

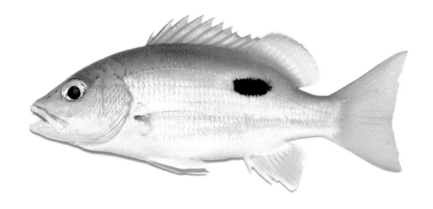

# 金焰笛鲷

学　　名　*Lutjanus fulviflamma* (Forsskål, 1775)

别　　名　红鸡仔、赤海

分类地位　鲈形目笛鲷科笛鲷属

形态特征　身体延长而侧扁，侧面观呈长椭圆形，背缘弧度大于腹缘弧度。上颌前端有2枚较大的犬齿，口闭合时可露出。身体灰黄色至银红色，腹部颜色稍浅。体被大栉鳞；头部除颊部、鳃盖骨上有鳞外，均裸露。侧线完全，侧线上方沿着鳞列有斜行条纹，侧线下方有6～7条黄色纵带。有1个背鳍，背鳍鳍条部下方有1个大黑斑，黑斑的2/3在侧线下方。胸鳍、腹鳍黄色，其余鳍灰黄色。尾鳍后缘浅凹形。

生态习性　近海暖水性中下层鱼类，栖息于水深30 m以内的岩礁周围或泥沙底质海域，幼鱼有时进入红树林、河口。有群游性，与笛鲷属其他种聚集成群混游。摄食底栖甲壳动物、鱼类。

地理分布　金焰笛鲷分布于印度–太平洋，在我国分布于南海。

经济价值　名贵的可食用经济鱼类，肉味鲜美。

# 约氏笛鲷

学　　名　*Lutjanus johnii* (Bloch, 1792)

别　　名　赤笔仔

分类地位　鲈形目笛鲷科笛鲷属

形态特征　身体延长而侧扁，侧面观呈长椭圆形，背缘弧度大于腹缘弧度。身体背部灰黄褐色，腹部灰黄色。体侧各鳞片上均有1个斑点，各斑点连成与侧线平行的细条纹，腹部条纹不太明显。体被栉鳞；头部除颊部、头后部、鳃盖骨有鳞外，均裸露。侧线完全。有1个背鳍，背鳍鳍条部起点下方有1个大的灰黑色圆斑，圆斑大部分在侧线上方。背鳍、臀鳍的鳍棘部红褐色，鳍条部绿褐色。胸鳍、腹鳍黄色。尾鳍后缘近截形或浅凹形。

生态习性　近海暖水性中下层鱼类，栖息于水深30 m以内的泥沙或岩礁底质海域，幼鱼有时进入红树林、河口。摄食底栖的虾、蟹等甲壳动物。

地理分布　约氏笛鲷分布于印度–西太平洋，在我国分布于东海、南海。

经济价值　可食用经济鱼类，肉味鲜美。

引自 OpenCage.info

# 四带笛鲷

学　　名　*Lutjanus kasmira* (Forsskål, 1775)

别　　名　赤笔仔

分类地位　鲈形目笛鲷科笛鲷属

形态特征　身体延长而侧扁，侧面观呈椭圆形，背缘弧度大于腹缘弧度。身体背部鲜黄色，腹部浅黄色。体侧有4条镶深褐色边的浅蓝色纵带，在第2条和第3条蓝带之间的后半部有1个黑色大斑。体被栉鳞，颊部、鳃盖骨被细鳞。侧线完全。各鳍黄色，背鳍、尾鳍有黑缘。有1个背鳍，各鳍棘平卧时可折叠于背部浅沟中。尾鳍浅叉形。

生态习性　暖水性中下层鱼类，栖息于岩礁底质的近海或珊瑚礁周围海域，有群游性，常聚集成群活动。以虾、蟹、头足类、鱼类、藻类为食。

地理分布　四带笛鲷分布于印度-西太平洋，在我国分布于东海、南海。

经济价值　可食用经济鱼类，肉味鲜美。可观赏。

# 黄笛鲷

学　　名　*Lutjanus lutjanus* Bloch, 1790

别　　名　赤笔仔、正笛鲷

分类地位　鲈形目笛鲷科笛鲷属

形态特征　身体延长而侧扁，侧面观呈椭圆形。上颌前端有2枚较大的犬齿，口闭合时外露。身体浅黄褐色，腹部颜色稍浅。体被栉鳞。侧线完全，侧线上方沿鳞列有多条黄褐色斜纹，侧线下方沿鳞列有多条黄褐色细纵带，体侧中央有1条明显的深褐色纵带。各鳍浅黄色，腹鳍颜色较浅。有1个背鳍，各鳍棘平卧时可折叠于背部浅沟中。胸鳍长，末端可至臀鳍起点上方。尾鳍浅叉形。

生态习性　暖水性中下层鱼类，栖息于岩礁底质的近海或珊瑚礁周围海域，有群游性，常聚集成群活动。以虾、蟹、鱼类为食。

地理分布　黄笛鲷分布于印度–西太平洋，在我国分布于东海、南海。

经济价值　可食用经济鱼类，肉味鲜美。

引自 Bernard Dupont

引自 Brian Gratwicke

# 千年笛鲷

学　　名　*Lutjanus sebae* (Cuvier, 1816)

别　　名　厚唇仔、白点赤海、川纹笛鲷

分类地位　鲈形目笛鲷科笛鲷属

形态特征　身体延长而侧扁，侧面观呈长椭圆形，背缘弧度大于腹缘弧度。上颌前端有4枚较大的圆锥齿，口闭合时不外露。身体红色，腹部颜色稍浅。体侧有3条深红色斜带，分别从体背部延伸至吻端、腹部和尾柄，幼鱼的斜带更明显。体被弱栉鳞；头部除颊部、鳃盖骨、间鳃盖骨被鳞外，均裸露。侧线完全。有1个背鳍，中部鳍棘和前部鳍条边缘深红色，各鳍棘平卧时可折叠于背沟中。臀鳍边缘黑色。尾鳍浅叉形，上、下叶末端黑色。

生态习性　暖水性中下层鱼类，幼鱼栖息于珊瑚礁周围海域以及泥沙或岩礁底质的浅海，成鱼则生活于较深水层。以底栖甲壳动物、鱼类为食。

地理分布　千年笛鲷分布于印度-西太平洋，在我国分布于东海、南海。

经济价值　可食用经济鱼类，产量不高。

# 帆鳍笛鲷

**学　　名**　*Symphorichthys spilurus* (Günther, 1874)

**别　　名**　赤笔仔、赤海

**分类地位**　鲈形目笛鲷科帆鳍笛鲷属

**形态特征**　身体侧扁，侧面观呈长椭圆形，背缘弧度大于腹缘弧度。头背缘自吻至眼睛几乎陡直隆起，项部和眼间隔各有1条橙黄色横带。身体浅黄褐色，腹部颜色稍浅，体侧有16～18条蓝色纵带。体被栉鳞，侧线完全。各鳍浅黄色至金黄色。有1个背鳍，鳍条长，前部第4～7枚鳍条延长，呈丝状。胸鳍长而大，末端超过臀鳍起点。腹鳍第1枚鳍条延长。臀鳍前部数枚鳍条延长，呈丝状。尾柄背侧有1个黑斑，尾鳍后缘浅凹形。

**生态习性**　暖水性鱼类，栖息于珊瑚礁附近水质清澈的沙底质海域。以甲壳动物、软体动物、鱼类为食。

**地理分布**　帆鳍笛鲷分布于印度-西太平洋，在我国分布于东海、南海。

**经济价值**　可食用，肉味鲜美，产量不高。

# 黄尾梅鲷

| 学　　名 | *Caesio cuning* (Bloch, 1791) |
|---|---|

**学　　名**　*Caesio cuning* (Bloch, 1791)

**别　　名**　乌尾冬仔

**分类地位**　鲈形目梅鲷科梅鲷属

**形态特征**　身体延长而侧扁，侧面观呈长椭圆形。头前端稍尖。体色常有变化。身体大部分为蓝色，背部自背鳍第8～9枚鳍棘向后斜至尾柄为黄色；背鳍第8～9枚鳍棘前为蓝色，之后为黄色，背鳍边缘略带黄色；臀鳍、胸鳍、腹鳍浅蓝色；尾鳍黄色。掉鳞后，身体红褐色，背部自背鳍第8～9枚鳍棘向后斜至尾柄为黄色；尾鳍黄色，其余鳍红色，背鳍略带黄色。体被栉鳞，侧线完全。尾鳍叉形。

**生态习性**　暖水性小型鱼类，栖息于较深的岩礁底质海域，喜集群，白天群游于水体中层，游泳速度快。以浮游动物为食。

**地理分布**　黄尾梅鲷分布于印度–西太平洋，在我国分布东海、南海。

**经济价值**　可食用，肉质佳，产量不高。

引自 Rickard Zerpe

# 双带鳞鳍梅鲷

学　　名　*Pterocaesio digramma* (Bleeker, 1864)

别　　名　乌尾冬仔、双带梅鲷

分类地位　鲈形目梅鲷科鳞鳍梅鲷属

形态特征　身体延长而稍侧扁，呈长纺锤形。身体背部蓝色，略带红色；腹部红色。体侧有2条1～2列鳞宽的金黄色至古铜色纵带，第1条自后头部沿背鳍基至背鳍最末鳍条下方，第2条自吻上方经眼上缘沿侧线至尾柄末端。体被细小栉鳞，侧线完全。有1个背鳍，红色，基部带黄色。尾鳍深叉形，红色，上、下叶尖端黑褐色。其余鳍浅红色。胸鳍较长，镰形。

生态习性　暖水性中上层小型鱼类，栖息于岩礁底质海域，喜集群，白天群游于水体中层，游泳速度快。以浮游动物为食。

地理分布　双带鳞鳍梅鲷分布于西太平洋，在我国分布于东海、南海。

经济价值　可食用。

引自 Izuzuki

# 松鲷

学　　名　*Lobotes surinamensis* (Bloch, 1790)

别　　名　乌打铁鲈、黑猪肚、石鲫

分类地位　鲈形目松鲷科松鲷属

形态特征　身体侧扁而高，侧面观呈长椭圆形，背缘弧度大于腹缘弧度。身体灰褐色或灰黑色，背部颜色较深，腹部颜色较浅。体被大的栉鳞，侧线完全。胸鳍灰白色，其余鳍黑褐色。有1个背鳍，腹鳍有腋鳞，尾鳍后缘弧形。

生态习性　暖温性中上层中大型鱼类，喜在海面漂浮物的阴影下栖息，多在水体上层活动，有时进入河口，喜集群。肉食性，以底栖甲壳动物、小鱼为食。

地理分布　松鲷广泛分布于世界各大洋，在我国沿海均有分布。

经济价值　可食用经济鱼类，肉质一般，产量不高。

# 长棘银鲈

学　　名　*Gerres filamentosus* Cuvier, 1829

别　　名　碗米、碗米仔

分类地位　鲈形目银鲈科银鲈属

形态特征　身体侧扁，侧面观呈卵圆形。口伸出时略向下倾斜。身体背部银灰色，腹部银白色，体侧有8～10条由斑点连成的横带。体被薄圆鳞，侧线完全。有1个背鳍，第1枚鳍棘短小，第2枚鳍棘呈丝状延长。背鳍鳍膜边缘黑色，其余鳍颜色较浅或灰黄色。胸鳍长，臀鳍第2枚鳍棘粗壮，腹鳍有腋鳞，尾鳍叉形。

生态习性　近海暖水性中下层鱼类，栖息于泥沙底质海域，有时进入河口，喜集群。以多毛类、端足类、桡足类等无脊椎动物为食。

地理分布　长棘银鲈分布于印度-西太平洋，在我国分布于东海、南海。

经济价值　可食用经济鱼类，肉味鲜美。

引自 OpenCage.info

# 臀斑髭鲷

学　　名　*Hapalogenys analis* Richardson, 1845

别　　名　铜盆鱼、金鼓、横带髭鲷

分类地位　鲈形目石鲈科髭鲷属

形态特征　身体侧扁，侧面观近椭圆形。有3对颏孔，颏部密生小髭。身体灰褐色，腹部颜色较浅，体侧有6~7条深褐色略斜的横带。体被小栉鳞，侧线完全。有1个背鳍，鳍棘强大，前方有1枚向前平卧的棘。背鳍和臀鳍鳍棘间的棘膜黑褐色，背鳍和臀鳍鳍条部及尾鳍浅黄色，有黑缘。胸鳍浅黄褐色，腹鳍灰黑色，尾鳍后缘弧形。

生态习性　近海暖温性中下层鱼类，通常栖息于水深30~50 m的岩礁与泥沙底质邻接海域，喜集群。肉食性，以小鱼、甲壳动物、软体动物为食。

地理分布　臀斑髭鲷分布于西太平洋，在我国沿海均有分布。

经济价值　可食用经济鱼类，肉味鲜美，产量不高。

# 黑鳍髭鲷

| 学　　名 | *Hapalogenys nigripinnis* (Temminck & Schlegel, 1843) |

**学　　名**　*Hapalogenys nigripinnis* (Temminck & Schlegel, 1843)

**别　　名**　打铁鱼、乌过、铜盆鱼、斜带髭鲷

**分类地位**　鲈形目石鲈科髭鲷属

**形态特征**　身体侧扁而高，侧面观呈长椭圆形。头较大，有3对颏孔，颏部、下颌密生小髭。身体背部黑褐色，腹部颜色较浅。体侧有3条由背鳍基斜向后方的黑褐色弧形斜带。第1条斜带始于背鳍第1枚鳍棘前，向下斜至胸鳍，再向后弯至臀鳍基部；第2条斜带始于背鳍第4～9枚鳍棘间，向后下方弯曲，直达尾柄；第3条斜带很短，位于背鳍鳍条基部下方。体被栉鳞，侧线完全。各鳍黑褐色。有1个背鳍，前方有1枚向前平卧的棘，鳍棘强大。尾鳍后缘弧形。

**生态习性**　近海暖温性中下层鱼类，通常栖息于水深30～50 m的岩礁与泥沙底质邻接海域，喜集群。肉食性，主要以底栖的小鱼、甲壳动物为食。

**地理分布**　黑鳍髭鲷分布于西北太平洋，在我国沿海均有分布。

**经济价值**　可食用经济鱼类，肉质佳，产量不高。

# 三线矶鲈

学　　名　*Parapristipoma trilineatum* (Thunberg, 1793)

别　　名　乌鸡、乌鸡仔、三线鸡鱼、黄鸡鱼

分类地位　鲈形目石鲈科矶鲈属

形态特征　身体延长而侧扁。有1对颏孔。身体背部黄褐色，腹部灰白色，体侧有3条深褐色纵带，深褐色纵带下方均有1条灰白色纵带，成鱼纵带不明显。体被细小栉鳞，侧线完全。有1个背鳍，黄褐色，靠近基底有1条浅色纵带，各鳍棘可收折于背部浅沟中。胸鳍、腹鳍、臀鳍黄褐色。尾鳍浅叉形，褐色。

生态习性　暖水性中上层鱼类，通常栖息于近海岩礁周围，有群游性，有从近海到远海洄游的习性。主要以浮游生物为食。

地理分布　三线矶鲈分布于印度–西太平洋，在我国分布于东海、南海。

经济价值　可食用经济鱼类，肉质佳。可观赏。

引自 Izuzuki

# 胡椒鲷

学　　名　*Plectorhinchus pictus* (Tortonese, 1936)

别　　名　斑加吉、加池、花石鲈

分类地位　鲈形目石鲈科胡椒鲷属

形态特征　身体延长而侧扁，侧面观呈长椭圆形，背缘弧度大于腹缘弧度。身体颜色和花纹随鱼体的生长而变化很大。幼鱼身体呈灰黄色，体侧有3条深褐色纵带延伸至尾鳍；随着生长，头部出现眼带；体侧上半部的纵带断裂成斑点，腹鳍和臀鳍外侧黑色。成鱼身体呈灰褐色，体侧后上半部、背鳍、尾鳍散布大小不一的黑褐色斑点；臀鳍也有黑褐色圆斑，但随着鱼体生长而消失；腹鳍外侧深色，胸鳍橄榄色。有3对颏孔。体被弱小栉鳞，侧线完全。有1个背鳍，尾鳍后缘浅凹形或近截形。

生态习性　近海暖水性中下层鱼类，栖息于岩礁与泥沙底质邻接海域。肉食性，以底栖甲壳动物、软体动物、小鱼为食。

地理分布　胡椒鲷分布于印度–西太平洋，在我国分布于东海、南海。

经济价值　可食用经济鱼类，肉质良好。

# 大斑石鲈

学　　名　*Pomadasys maculatus* (Bloch, 1793)

别　　名　鸡仔鱼、石鲈、厚鲈

分类地位　鲈形目石鲈科石鲈属

形态特征　身体延长而侧扁，侧面观呈长椭圆形。有1对颏孔，颏部有1条中央沟。身体背部银灰色，腹部银白色，体侧在胸鳍以上有4个大的黑斑。体被薄栉鳞，侧线完全。有1个背鳍，鳍棘强大，各鳍棘平卧时左右交错，一部分可收折于背沟中。背鳍基部有数个小黑斑。背鳍鳍棘中部有1个大黑斑，鳍条部外缘灰黑色。胸鳍尖而长，臀鳍鳍棘强大。尾鳍后缘浅凹形，黄灰色，其余鳍浅黄色。

生态习性　暖水性中下层鱼类，栖息于水深40～70 m的岩礁周围、泥沙底质海域或近海。肉食性，以底栖的甲壳动物、软体动物、小鱼为食。

地理分布　大斑石鲈分布于印度–西太平洋，在我国分布于东海、南海。

经济价值　可食用经济鱼类，肉质良好。

# 深水金线鱼

学　　名　*Nemipterus bathybius* Snyder, 1911

别　　名　红海鲫、金线鲢

分类地位　鲈形目金线鱼科金线鱼属

形态特征　身体延长而侧扁。身体桃红色，略带蓝紫色光泽，体侧有2条亮黄色纵带，腹部靠近腹缘有1条黄带。体被弱栉鳞，侧线完全。有1个背鳍，浅粉色，鳍膜上散布金黄色波纹，边缘红色。胸鳍镰形。腹鳍基部黄色，末端延伸至肛门后。尾鳍叉形，上叶末端黄色，呈丝状延长。

生态习性　暖水性底层中小型鱼类，常栖息于水深300 m以内、盐度较低的泥沙或沙底质海域。食性广，主要摄食小鱼、长尾类、短尾类、头足类等。

地理分布　深水金线鱼分布于西太平洋，在我国分布于东海、南海。

经济价值　可食用经济鱼类，肉味鲜美，为我国东海、南海沿海底拖网捕捞对象之一。

# 日本金线鱼

学　　名　*Nemipterus japonicus* (Bloch, 1791)

别　　名　瓜三、红杉、金线鲢

分类地位　鲈形目金线鱼科金线鱼属

形态特征　身体延长而侧扁，呈纺锤形。身体粉色，带银色光泽，腹部颜色较浅，体侧有11～12条黄色纵带。体被薄而弱的栉鳞。侧线完全，侧线起始处下方有1个带红色光泽的黄斑。有1个背鳍，粉色，基部有1条向后逐渐变宽的黄色纵带。胸鳍镰形。腹鳍末端未延伸至肛门。尾鳍叉形，粉色；尾鳍上叶末端呈丝状延长，黄色。

生态习性　近海暖水性底层鱼类，栖息于水深25～100 m的泥沙底质海域，游泳速度快。捕食端足类、长尾类、短尾类、小鱼等。

地理分布　日本金线鱼分布于印度–西太平洋，在我国分布于东海、南海。

经济价值　经济价值高，为我国东南沿海主要经济鱼类之一。

# 金线鱼

学　　名　*Nemipterus virgatus* (Houttuyn, 1782)

别　　名　红杉、黄线、金线鲢

分类地位　鲈形目金线鱼科金线鱼属

形态特征　身体延长而侧扁。眼前至吻端有1条黄纹，唇黄色。头上方及身体背部粉色，腹部银白色，体侧有5～6条金黄色纵带。体被薄而大的栉鳞。侧线完全，侧线起始处下方有1个红色条斑。各鳍浅粉色。有1个背鳍，基部有1条黄色纵纹，边缘黄色且带红色光泽。胸鳍镰形，腹鳍末端延伸超过肛门，腹鳍鳍膜、臀鳍各有2条黄色纵纹。尾鳍叉形，上叶末端黄色，呈丝状延长。

生态习性　暖水性中下层鱼类，栖息于水深30～110 m的泥沙底质海域，游泳迅速。摄食端足类、长尾类、短尾类、多毛类等。

地理分布　金线鱼分布于印度–西太平洋，在我国分布于东海、南海。

保护级别　被IUCN列为易危物种。

# 线尾锥齿鲷

学　　名　*Pentapodus setosus* (Valenciennes, 1830)

别　　名　线尾鲷

分类地位　鲈形目金线鱼科锥齿鲷属

形态特征　身体延长，稍侧扁。身体背部黄褐色至棕褐色，腹部浅灰蓝色至浅褐色，体侧自吻端至尾鳍基有1条黄色纵带，黄色纵带的上、下缘各有1条浅蓝色带。体被细栉鳞，侧线完全。各鳍棕褐色。有1个背鳍，鳍棘细而尖，各鳍棘平卧时可左右交错折叠于背沟中。尾鳍叉形，上叶第2枚鳍条呈丝状延长。尾鳍基部有1个斑，并有1个 ">" 形的浅蓝色带。

生态习性　暖水性小型底层鱼类，栖息于泥沙底质海域。主要摄食甲壳动物、多毛类等。

地理分布　线尾锥齿鲷分布于印度–西太平洋，在我国分布于东海、南海。

经济价值　可食用。

# 伏氏眶棘鲈

学　　名　*Scolopsis vosmeri* (Bloch, 1792)

别　　名　红海鲫、赤尾冬仔

分类地位　鲈形目金线鱼科眶棘鲈属

形态特征　身体侧扁，侧面观呈卵圆形。鳃膜深红色，吻端、鳃盖后下缘橘红色，自头背部至颊部和鳃盖后缘有1条白色宽带。鳃盖棘和胸鳍基部各有1个褐色斑。身体背部红褐色，腹部颜色较浅。体被栉鳞，侧线完全。各鳍橙黄色。有1个背鳍，鳍棘尖锐，各鳍棘平卧时可左右交错折叠于背沟中。胸鳍末端延伸至肛门，腹鳍基部有1枚腋鳞，臀鳍第2枚鳍棘最强大，尾鳍叉形。

生态习性　暖水性中小型底层鱼类，栖息于岩礁环境或岩礁外围的泥沙底质海域。摄食小型底栖甲壳动物、软体动物、小鱼等。

地理分布　伏氏眶棘鲈分布于印度-西太平洋，在我国分布于东海、南海。

经济价值　可食用经济鱼类。

# 灰裸顶鲷

学　　名　*Gymnocranius griseus* (Temminck & Schlegel, 1843)

别　　名　白立、白鲷、白果

分类地位　鲈形目裸颊鲷科裸颊鲷属

形态特征　身体稍延长，侧扁，侧面观呈椭圆形，背缘弧度大于腹缘弧度。吻端、眼间隔、眼下方各有1条褐色带。身体背部青灰色，腹部银灰色，体侧散布数条斑纹。体被弱栉鳞；头部除颊部、鳃盖及上颚骨被鳞外，大部分裸露无鳞。侧线完全。各鳍黄褐色至红褐色。有1个背鳍，边缘橘红色，鳍棘强大。尾鳍叉形，边缘橘红色。

生态习性　近海暖水性中下层鱼类，栖息于岩礁外围的泥沙底质海域。主要摄食甲壳动物、多毛类、头足类、小鱼等。

地理分布　灰裸顶鲷分布于印度-西太平洋海域，在我国分布于东海、南海。

经济价值　可食用经济鱼类，肉味鲜美，产量不高。

# 星斑裸颊鲷

学　　名　*Lethrinus nebulosus* (Forsskål, 1775)

别　　名　连尖、龙尖、龙占

分类地位　鲈形目裸颊鲷科裸颊鲷属

形态特征　身体延长而侧扁，侧面观呈长椭圆形。吻较长，尖而突出。眼前下方有数条蓝色放射纹。身体背部黄褐色，腹部灰黄色，体侧各鳞片上均有蓝色小点。体被弱栉鳞；头部除鳃盖被鳞外，其余裸露无鳞。侧线完全。各鳍灰褐色至红褐色。有1个背鳍，边缘红色，鳍棘发达，各鳍棘平卧时可左右交错折叠于背部浅沟内。胸鳍尖而长，镰形。腹鳍末端延伸超过肛门。尾鳍叉形。

生态习性　暖水性底栖鱼类，栖息于水深30~60 m的珊瑚礁外围、岩礁和沙砾底质海域，喜集群。肉食性，以甲壳动物、软体动物、小鱼为食。

地理分布　星斑裸颊鲷分布于印度-西太平洋，在我国分布于东海、南海。

经济价值　可食用经济鱼类，肉质佳，产量不高。

引自 Derek Keats

# 灰鳍棘鲷

学　　名　*Acanthopagrus berda* (Forsskål, 1775)

别　　名　乌翅、黑立

分类地位　鲈形目鲷科棘鲷属

形态特征　身体侧扁而高，侧面观呈椭圆形。身体灰黑色，头和背部颜色较深，腹部颜色较浅。体被较大的栉鳞，各鳞片边缘黑色。侧线完全。各鳍灰黑色，胸鳍颜色稍浅。有1个背鳍，鳍棘强大，各鳍棘平卧时可左右交错折叠于背沟中。臀鳍鳍棘强大。尾鳍叉形，上、下叶末端稍圆钝。

生态习性　近海暖温性中下层鱼类，栖息于泥沙底质海域或岩礁环境，有时进入河口，喜集群。肉食性，以底栖甲壳动物、软体动物、多毛类、棘皮动物等为食。有性逆转现象。

地理分布　灰鳍棘鲷分布于印度–西太平洋，在我国分布于东海、南海。

经济价值　名贵的可食用经济鱼类，肉味鲜美，在我国沿海有网箱养殖。

# 黄鳍棘鲷

| | |
|---|---|
| **学　　名** | *Acanthopagrus latus* (Houttuyn, 1782) |
| **别　　名** | 黄翅、黄脚立、黄鳍鲷 |
| **分类地位** | 鲈形目鲷科棘鲷属 |

**形态特征**　身体侧扁而高，侧面观呈椭圆形。身体背部青灰色，带金黄色光泽；腹部白色。体被较大栉鳞，体侧各鳞片中间均有不明显的斑点，相连形成4~5条纵纹。侧线完全，侧线起点处和胸鳍基部各有1个黑斑。有1个背鳍，鳍棘强大，各鳍棘平卧时可左右交错折叠于背沟中。腹鳍、臀鳍及尾鳍下叶黄色。臀鳍鳍棘发达，第2枚鳍棘特别强大。尾鳍叉形，上、下叶末端稍尖。

**生态习性**　近海暖水性中下层鱼类，栖息于泥沙底质海域，可进入河口或淡水，喜集群。肉食性，以甲壳动物、软体动物、多毛类、棘皮动物等为食。有性逆转现象。

**地理分布**　黄鳍棘鲷分布于印度-西太平洋，在我国分布于东海、南海。

**经济价值**　可食用经济鱼类，肉味鲜美，在我国沿海有网箱养殖。

# 黑棘鲷

学　名　*Acanthopagrus schlegelii* (Bleeker, 1854)

别　名　黑加吉、海付、乌格、黑鲷、黑立

分类地位　鲈形目鲷科棘鲷属

形态特征　身体侧扁而高，侧面观呈椭圆形。头部深灰黑色。身体背部灰黑色，带银色光泽；腹部灰白色；体侧有6~7条横带。体被较大的栉鳞。侧线起点处及胸鳍腋部各有1个斑点。胸鳍肉色，有时充血变为橘红色；其余鳍灰褐色。有1个背鳍，鳍棘强大。臀鳍鳍棘强大。尾鳍叉形。

生态习性　暖温性中下层鱼类，常栖息于泥沙底质海域或岩礁环境，有时进入河口，喜集群，于生殖季节游向近海。以底栖甲壳动物、软体动物、多毛类、棘皮动物为食。有性逆转现象，在3~4龄前全为雄性，其后转变为雌性。

地理分布　黑棘鲷分布于西北太平洋，在我国沿海均有分布。

经济价值　名贵的可食用经济鱼类，肉味鲜美，在我国沿海有网箱养殖。

# 二长棘犁齿鲷

**学　　名**　*Evynnis cardinalis* (Lacepède, 1802)

**别　　名**　红立、立鱼、血鲷、二长棘鲷

**分类地位**　鲈形目鲷科犁齿鲷属

**形态特征**　身体侧扁而高，侧面观呈椭圆形。身体鲜红色，带银色光泽，腹部颜色较浅，新鲜时体侧有多条浅蓝色线。体被较大的弱栉鳞，侧线完全。背鳍、臀鳍、尾鳍红色，胸鳍和腹鳍浅粉色。有1个背鳍，最前面的2枚鳍棘短小，第3～4枚鳍棘延长，呈丝状，有时第5枚鳍棘也延长。胸鳍长，臀鳍第2枚鳍棘最强大，尾鳍叉形。

**生态习性**　热带和亚热带中下层鱼类，常栖息于水深20～70 m的泥沙底质海域或岩礁环境。摄食小型甲壳动物、多毛类、小鱼。

**地理分布**　二长棘犁齿鲷分布于西太平洋，在我国分布于东海、南海。

**保护级别**　被IUCN列为濒危物种。

# 真赤鲷

学　　名　*Pagrus major* (Temminck & Schlegel, 1843)

别　　名　加吉鱼、红加吉、红立、过腊、真鲷

分类地位　鲈形目鲷科赤鲷属

形态特征　身体延长而侧扁，侧面观呈长椭圆形。头背部灰褐色。身体浅红褐色，带金属光泽；腹部银色；体侧散布许多碧蓝色斑点，成鱼斑点不明显。体被弱栉鳞，侧线完全。各鳍褐色。有1个背鳍，鳍棘较强，各鳍棘可左右交错平卧于背沟中。臀鳍鳍棘强大，尾鳍叉形。

生态习性　暖温性中下层鱼类，常栖息于泥沙或沙砾底质海域，喜集群，于生殖季节游向近海。肉食性，以底栖动物为食。

地理分布　真赤鲷分布于西北太平洋，在我国沿海均有分布。

经济价值　名贵的可食用经济鱼类，肉味鲜美，在我国沿海有网箱养殖。

引自 OpenCage.info

# 平鲷

学　　名　*Rhabdosargus sarba* (Forsskål, 1775)

别　　名　圆头立、平头、黄锡鲷

分类地位　鲈形目鲷科平鲷属

形态特征　身体侧扁而高，侧面观呈椭圆形。身体银灰色，腹部颜色较浅。体被薄栉鳞；头部除吻部、前鳃盖骨外，大部分被鳞。体侧各鳞片均有青色斑点，相连形成若干条青色纵带。侧线完全。有1个背鳍，边缘灰黑色，鳍棘强壮，各鳍棘可左右交错平卧于鳞鞘形成的背沟中。胸鳍长而大，肉色。臀鳍、腹鳍黄色。尾鳍叉形，下叶边缘黄色。

生态习性　近海暖温性中下层鱼类，常栖息于岩礁或沙砾底质海域，有时进入河口，喜集群。幼鱼生活在河口，随着生长而游向近海其他海域。以软体动物、多毛类、棘皮动物为食。

地理分布　平鲷分布于印度-西太平洋，在我国沿海均有分布。

经济价值　名贵的可食用经济鱼类，产量不高，在我国东南沿海有人工养殖。

# 六指马鲅

学　　名　*Polydactylus sextarius* (Bloch & Schneider, 1801)

别　　名　午鱼、马友

分类地位　鲈形目马鲅科多指马鲅属

形态特征　身体延长而侧扁。鳃盖上有1个黑斑。身体背部灰褐色，腹部乳白色。体被栉鳞。胸鳍及腹鳍基部腋鳞为长尖形，左右腹鳍间有1个三角形鳞瓣。侧线完全，侧线起点处有1个黑斑。各鳍灰黄色，边缘黑色。有2个背鳍。胸鳍下部有6枚游离的丝状鳍条。腹鳍小，末端延伸至肛门。臀鳍与第二背鳍相对、形状相同。尾鳍大，深叉形，上、下叶尖而长。

生态习性　近海暖温性中下层小型鱼类，栖息于泥沙底质海域，也进入河口、红树林等，喜集群，有季节洄游习性。以浮游动物、小鱼等为食。

地理分布　六指马鲅分布于印度-西太平洋，在我国沿海均有分布。

经济价值　可食用经济鱼类。

# 棘头梅童鱼

| | |
|---|---|
| 学　　名 | *Collichthys lucidus* (Richardson, 1844) |
| 别　　名 | 黄梅、黄皮、大头仔 |
| 分类地位 | 鲈形目石首鱼科梅童鱼属 |

**形态特征**　身体延长而侧扁。上、下颌前端有褐色斑点。颏孔4个，呈四方形排列。耳石近盾形，背面隆起或有颗粒突起，腹面有1个蝌蚪形印迹。身体背部灰黄色，腹部金黄色。头和体被圆鳞，易脱落。侧线完全。鳔大，近圆柱状，前端弧形。背鳍黄褐色，尾鳍黑褐色，其余鳍浅黄色。背鳍鳍棘部与鳍条部连续，之间有1个凹刻，鳍棘细弱。胸鳍尖而长，延伸超过腹鳍末端。尾柄细长，尾鳍尖形。

**生态习性**　近海暖温性中下层小型鱼类，栖息于泥沙底质海域，可进入河口。以小型甲壳动物为食。

**地理分布**　棘头梅童鱼分布于西太平洋，在我国沿海均有分布。

**经济价值**　可食用。

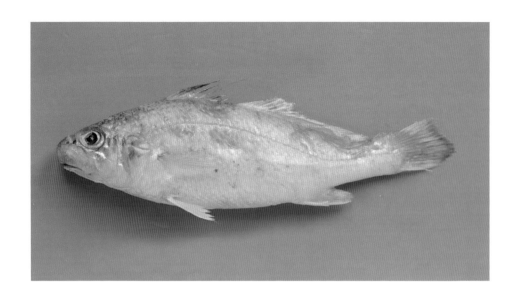

# 皮氏叫姑鱼

学　　名　*Johnius belangerii* (Cuvier, 1830)

别　　名　叫姑鱼、叫姑、加网

分类地位　鲈形目石首鱼科叫姑鱼属

形态特征　身体延长而侧扁。鳃盖青紫色，颏孔似五孔型，耳石盾形。身体背部灰褐色，腹部乳白色。吻端、颊部、喉部被圆鳞，身体被栉鳞。侧线完全。鳔圆柱状，前部两侧突出形成锤状侧囊。第一背鳍上端黑色，其余鳍浅灰黄色。背鳍连续，鳍棘部与鳍条部之间有1个深凹刻。腹鳍第1枚鳍条稍呈丝状延长。尾鳍楔形或尖形（幼鱼）。

生态习性　近海暖温性中下层小型鱼类，栖息于水深40 m以内的泥沙底质或岩礁周围，有时进入河口。鳔能发声，发出断断续续的咯咯声。摄食甲壳动物、多毛类、小鱼等。

地理分布　皮氏叫姑鱼分布于印度-西太平洋，在我国沿海均有分布。

经济价值　可食用经济鱼类。

# 大黄鱼

**学　　名**　*Larimichthys crocea* (Richardson, 1846)

**别　　名**　黄花鱼、黄鱼、大鲜、黄瓜

**分类地位**　鲈形目石首鱼科黄鱼属

**形态特征**　身体延长而侧扁。有6个颏孔，不明显。耳石略呈盾形。身体背部灰黄色，体侧下部各鳞片常有1个金黄色腺体而呈金黄色。头和身体前部被圆鳞，身体后部被栉鳞。侧线完全。鳔大，两侧不突出形成侧囊。背鳍及尾鳍灰黄色，其余鳍黄色。背鳍连续，鳍棘部与鳍条部之间有1个深凹刻。尾柄细，尾鳍楔形。

**生态习性**　近海暖水性中下层鱼类，栖息于水深60 m以内的软泥或泥沙底质海域，喜集群。在春季生殖季节，鳔能发出咯咯声，通常在河口、内湾、岛屿附近产卵。食性广，主要以虾、蟹等甲壳动物和小鱼为食。

**地理分布**　大黄鱼分布于西北太平洋，在我国沿海均有分布。以前为我国特有种，现也发现于日本和越南沿海。

**经济价值**　名贵的可食用经济鱼类，为我国传统四大海产渔业种类之一。由于过度采捕问题严重，大黄鱼渔获量不断下降，个体也逐渐小型化。在山东、福建、广东、台湾等地有人工养殖及增殖放流。

**保护级别**　被IUCN列为极危物种。

# 小黄鱼

学　　名　*Larimichthys polyactis* (Bleeker, 1877)

别　　名　黄花鱼、黄鱼、小鲜、小黄瓜

分类地位　鲈形目石首鱼科黄鱼属

形态特征　身体延长而侧扁。有6个颏孔，细小，不明显，中央颏孔和内侧颏孔呈四方形排列。耳石略呈盾形。体侧上半部为黄褐色，下半部和腹部金黄色。头部及身体前部被圆鳞，身体后部被栉鳞，体侧下部各鳞片常有1个金黄色腺体。鳔大，两侧不向外突出形成侧囊。背鳍连续，黄褐色，鳍棘部与鳍条部之间有1个凹刻。胸鳍浅黄褐色，腹鳍和臀鳍金黄色。尾鳍黄褐色，尖而长，稍呈楔形。

生态习性　近海温水性中下层洄游鱼类，常栖息于水深不超过100 m的泥沙底质海域。在春、夏生殖季节集群洄游至河口或内湾。鳔能发声。以小鱼、甲壳动物等底栖动物为食。

地理分布　小黄鱼分布于西北太平洋，在我国分布于渤海、黄海、东海。

经济价值　名贵的可食用经济鱼类，为我国传统四大海产渔业种类之一。由于过度捕捞，小黄鱼资源遭到严重破坏，产量急剧下降。

# 鮸鱼

学　　名　*Miichthys miiuy* (Basilewsky, 1855)

别　　名　敏鱼、免鱼

分类地位　鲈形目石首鱼科鮸属

形态特征　身体延长而侧扁。有4个颏孔。耳石椭圆形，背面有许多颗粒状突起，腹面有蝌蚪形印迹。身体灰褐色。颏部及上、下颌无鳞，吻部、鳃盖骨及各鳍基部被小圆鳞，体被栉鳞。侧线完全。鳔大，圆锥状，前端不突出形成短囊。各鳍褐色，末端深褐色。背鳍连续，鳍棘部与鳍条部之间有1个深凹刻。胸鳍尖而长，尾鳍楔形。

生态习性　近海暖温性中下层鱼类，栖息于水深15～70 m的泥沙底质海域。以小鱼、小型甲壳动物等底栖动物为食。

地理分布　鮸鱼分布于西北太平洋，在我国沿海均有分布，但在南海数量不多。

经济价值　可食用经济鱼类，肉质佳。

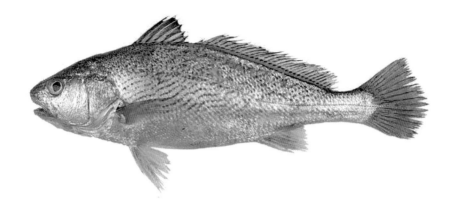

# 黄姑鱼

学　　名　*Nibea albiflora* (Richardson, 1846)

别　　名　黄婆、花鲅、春子

分类地位　鲈形目石首鱼科黄姑鱼属

形态特征　身体延长而侧扁。口闭合时上颌最外列齿外露。耳石尖圆形，腹面蝌蚪形印迹的尾区为J形凹沟。身体背部灰黄色；腹部银白色，带黄色。体被栉鳞，体侧鳞片多有褐斑，有许多细的斜纹；吻端、眼下部被圆鳞，颊部无鳞。侧线完全。鳔大，前端圆，不向外突出形成短囊。背鳍连续，褐色，边缘深褐色，鳍棘部与鳍条部之间有1个深凹刻。腹鳍第1枚鳍条延长；臀鳍、腹鳍黄色，有许多褐斑。尾鳍灰黄色，楔形。

生态习性　近海暖温性中下层鱼类，栖息于泥沙底质海域。生殖季节洄游至港湾、河口，冬季则南下或到较深海域越冬。以小鱼、甲壳动物等底栖动物为食。

地理分布　黄姑鱼分布于西北太平洋，在我国沿海均有分布。

经济价值　可食用，肉味鲜美，产量较高，有很高的经济价值。

# 截尾银姑鱼

学　　名　*Pennahia anea* (Bloch, 1793)

别　　名　大头鲩、狮头鲩、截尾白姑鱼

分类地位　鲈形目石首鱼科银姑鱼属

形态特征　身体延长而侧扁。鳃盖部有1个大黑斑。有6个颏孔，在下颌缝合处呈四方形排列。耳石略呈盾形，腹面蝌蚪形印迹的尾区略呈T形凹沟，末端不弯向耳石外缘。身体背部灰褐色，腹部银白色。体被栉鳞，侧线完全。鳔前部无突出的侧囊。背鳍、尾鳍灰褐色，其余鳍乳白色或浅褐色。背鳍连续，鳍棘部与鳍条部之间有1个深凹刻。胸鳍尖而长，尾鳍后缘截形。

生态习性　近海暖温性中下层鱼类，栖息于泥沙底质海域。以甲壳动物、多毛类等为食。

地理分布　截尾银姑鱼分布于印度-西太平洋，在我国分布于东海、南海。

经济价值　可食用经济鱼类，肉质佳。

# 眼斑拟石首鱼

学　　名　*Sciaenops ocellatus* (Linnaeus, 1766)

别　　名　红鼓鱼、美国红鱼、尾斑石首鱼

分类地位　鲈形目石首鱼科拟石首鱼属

形态特征　身体延长，侧扁。身体背部灰褐色；腹部浅黄色，微带红色。体被栉鳞，鳞片有银色光泽。侧线完全，弧形。背鳍、尾鳍深褐色，胸鳍、腹鳍、臀鳍黄褐色，腹鳍、臀鳍后缘颜色较浅。有2个背鳍。胸鳍尖而长，长于腹鳍。臀鳍第2枚鳍棘强大。尾柄基部上方有1个大的黑色眼状斑，有的个体尾柄有2~3个黑色眼状斑。尾鳍后缘近截形。

生态习性　广温、广盐性鱼类，喜集群，游动迅速，洄游习性明显，抗逆能力强，生长速度快。肉食性，主要以软体动物、小鱼等为食。

地理分布　眼斑拟石首鱼原分布于大西洋西部，我国于1991年引种成功。由于养殖过程中的逃逸或人工放流，目前眼斑拟石首鱼在我国各海域已形成野生种群。

经济价值　可食用经济鱼类，在我国沿海均有养殖。

引自 Tim Sheerman-Chase

引自 Rickard Zerpe

# 红点副绯鲤

学　　名　*Parupeneus heptacanthus* (Lacepède, 1802)

别　　名　秋姑、须哥

分类地位　鲈形目羊鱼科副绯鲤属

形态特征　身体延长，稍侧扁。头背缘隆起。有1对颏须，长而粗，末端延伸至前鳃盖骨后缘。体色变化较大，从黄褐色至橘红色；栖息深度越深，体色越红；腹部颜色较浅。眼周围有多条蓝纹。身体背部在第一背鳍第7～8枚鳍棘下方有1个深红色斑点。体被薄栉鳞，易脱落，身体背部各鳞片有蓝色斑点。侧线完全。有2个背鳍，第一背鳍红色，臀鳍浅黄色，其余鳍橙黄色。胸鳍长而大，腹鳍基部有1枚腋鳞，尾鳍叉形。

生态习性　近海暖水性中小型底层鱼类，栖息于水深较深的岩礁周围或泥沙底质海域，喜集群。经常用颏须翻动泥沙，捕食底栖多毛类、甲壳动物、软体动物。

地理分布　红点副绯鲤分布于印度-太平洋，在我国分布于东海、南海。

经济价值　可食用经济鱼类，肉味鲜美。可观赏。

# 印度副绯鲤

学　　名　*Parupeneus indicus* (Shaw, 1803)

别　　名　秋姑、须哥

分类地位　鲈形目羊鱼科副绯鲤属

形态特征　身体延长，稍侧扁，侧面观呈长椭圆形。头背缘隆起。有1对颏须，长而粗，末端延伸至前鳃盖骨后缘。体色变化较大，从灰褐色至棕红色；腹部颜色较浅。身体背部侧线上方、两背鳍之间下方有1个长椭圆形金黄色大斑。体被薄栉鳞，不太易脱落。侧线完全。臀鳍浅黄色，其余鳍黄褐色或棕褐色。胸鳍较长，腹鳍基部有1枚腋鳞。尾柄较长，两侧各有1个圆形黑色大斑，尾鳍叉形。

生态习性　暖水性中小型底层鱼类，栖息于珊瑚礁外围、岩礁周围或海藻床附近的泥沙底质海域，喜集群。经常用颏须翻动泥沙，捕食底栖多毛类、甲壳动物、软体动物。

地理分布　印度副绯鲤分布于印度–西太平洋，在我国分布于东海、南海。

经济价值　可食用经济鱼类，肉味鲜美。可观赏。

# 黄带绯鲤

学　　名　*Upeneus sulphureus* Cuvier, 1829

别　　名　秋姑、须哥

分类地位　鲈形目羊鱼科绯鲤属

形态特征　身体延长，稍侧扁。有1对颏须，长而粗，末端延伸至前鳃盖骨后下缘。身体背部黄褐色或红褐色，腹部银白色或浅粉色。体侧有3～4条金黄色纵带，其中侧线下方的1条最明显。沿腹缘左、右两侧各有1条亮黄色纵带，从腹鳍基起点至臀鳍基后端。体被薄栉鳞，易脱落。侧线完全。第一、第二背鳍上有2～3条黄褐色水平条纹，第一背鳍顶端黑色。腹鳍、臀鳍乳白色，基部亮黄色。尾鳍叉形。

生态习性　近海暖水性小型底层鱼类，栖息于泥沙底质海域，有时进入河口。经常用颏须翻动泥沙，捕食底栖甲壳动物、软体动物。

地理分布　黄带绯鲤分布于印度–西太平洋，在我国分布于东海、南海。

经济价值　可食用经济鱼类。

# 黑斑绯鲤

学　　名　*Upeneus tragula* Richardson, 1846

别　　名　花尾流、秋姑、须哥

分类地位　鲈形目羊鱼科绯鲤属

形态特征　身体延长，稍侧扁。有1对颏须，橙黄色，后端延伸至前鳃盖骨下缘。体色变化较大。体侧自吻端经眼至尾鳍基部有1条棕褐色或棕黑色纵带。纵带上方身体灰褐色至棕褐色，散布若干红褐色或黑色小点；纵带下方身体浅黄色，散布若干褐色斑点。体被薄栉鳞，易脱落。侧线完全。2个背鳍有黑色或深褐色条纹或斑块，顶端黑色或深褐色。胸鳍浅棕褐色。腹鳍和臀鳍浅黄色，有数条红褐色斜斑纹。尾柄较长，尾鳍叉形，上、下叶均有4～6条黑色至红褐色斜条纹。

生态习性　近海暖水性中小型底层鱼类，栖息于珊瑚礁外围的泥沙底质海域。经常用颏须翻动泥沙，捕食底栖甲壳动物、软体动物。

地理分布　黑斑绯鲤分布于印度-西太平洋，在我国分布于东海、南海。

经济价值　可食用经济鱼类，肉味鲜美。

# 银大眼鲳

学　　名　*Monodactylus argenteus* (Linnaeus, 1758)

别　　名　金鲳、银鲳、龙黄

分类地位　鲈形目大眼鲳科大眼鲳属

形态特征　身体侧扁而高，侧面观近菱形。头背缘陡高，由项部穿过眼至喉部有1条弧形带，由背鳍起点斜向鳃盖后缘也有1条弧形带。身体背部银灰色，带黄色金属光泽；腹部银白色。体被小栉鳞，易脱落。侧线完全。有1个背鳍，顶端黑色，鳍棘常埋于皮下，前部鳍条延长，镰刀状。胸鳍颜色较浅。幼鱼有腹鳍，但随着年龄增长，腹鳍逐渐退化或消失。臀鳍与背鳍形状相同，顶端黑色。尾柄短，尾鳍后缘浅凹形、深褐色。

生态习性　近海暖水性小型鱼类，主要栖息于岩礁与泥沙底质邻接区，有时进入河口。主要以小鱼、底栖无脊椎动物为食。

地理分布　银大眼鲳分布于印度–西太平洋，在我国分布于东海、南海。

经济价值　可食用经济鱼类，产量不高。可观赏。

引自 Brocken Inaglory

引自 Rainer Kretzberg

# 低鳍鲶

学　　名　*Kyphosus vaigiensis* (Quoy & Gaimard, 1825)

别　　名　白毛、白闷

分类地位　鲈形目鲶科鲶属

形态特征　身体侧扁，侧面观近卵圆形。头背缘隆起，眼眶下方有白纹。身体灰褐色至灰绿色，背部颜色较深，腹部颜色较浅。体被细栉鳞，不易脱落，体侧各鳞片均有棕灰色斑点，斑点相连形成若干条棕灰色纵带。侧线完全。各鳍棕灰色。有1个背鳍，鳍棘较强。尾鳍叉形。

生态习性　暖水性中上层鱼类，常栖息于岩礁或海藻床附近水体表层，日行性。食物以海藻为主，辅以小型无脊椎动物。

地理分布　低鳍鲶分布于印度-太平洋，在我国分布于东海、南海。

经济价值　可食用经济鱼类，肉味鲜美，产量不高。

引自 Richard Ling

# 细刺鱼

**学　　名** *Microcanthus strigatus* (Cuvier, 1831)

**别　　名** 斑马、条纹蝶

**分类地位** 鲈形目鳒科细刺鱼属

**形态特征** 身体侧扁而高，侧面观近卵圆形，背缘自眼中部上方至背鳍起点处急剧隆起。身体黄色，体侧有5～6条微斜的黑褐色纵带。体被小栉鳞，易脱落。侧线完全。有1个背鳍。背鳍、腹鳍、臀鳍黄色，背鳍、臀鳍的边缘黑色，胸鳍浅黄色。尾鳍颜色较浅，后缘浅凹形。

**生态习性** 近海暖温性小型鱼类，栖息于岩礁环境。以海藻、底栖无脊椎动物为食。

**地理分布** 细刺鱼分布于太平洋，在我国沿海均有分布。

**经济价值** 可食用，经济价值不高。可观赏。

# 斑点鸡笼鲳

学　　名　*Drepane punctata* (Linnaeus, 1758)

别　　名　鸡鲳、镜鲳、花鲳

分类地位　鲈形目鸡笼鲳科鸡笼鲳属

形态特征　身体侧扁而高，侧面观近菱形，背缘在背鳍起点处最高。头背缘陡斜，颏部有1丛触须。身体银灰色，体侧有4～10条由黑色斑点连成的横带，头、体侧及各鳍上密布深褐色小点。体被圆鳞，侧线完全。各鳍浅黄色，背鳍和臀鳍鳍条部后缘及尾鳍后缘颜色较深。有1个背鳍，前方有1枚向前平卧的棘，埋于皮下，鳍条部有1～2纵行黑色斑点。胸鳍明显延长，呈镰形。腹鳍第1枚鳍条呈丝状延长。臀鳍与背鳍鳍条部相对、形状相同。尾鳍后缘略呈双截形或近圆形。

生态习性　近海暖水性中小型鱼类，栖息于浅海，有时进入河口。以底栖无脊椎动物为食。

地理分布　斑点鸡笼鲳分布于印度-西太平洋，在我国分布于东海、南海。

经济价值　可食用经济鱼类，产量不高。可观赏。

引自 Bernard E. Picton

# 丝蝴蝶鱼

学　　名　*Chaetodon auriga* Forsskål, 1775

别　　名　人字蝶、白刺蝶

分类地位　鲈形目蝴蝶鱼科蝴蝶鱼属

形态特征　身体侧扁而高，侧面观呈卵圆形。头背缘在眼前上方内凹，吻尖而突出，但不延长为管状，由项部向下经眼至间鳃盖骨下缘有1条黑色横带，眼下部分较宽。身体前部银白色至灰黄色，向后逐渐呈橙黄色。体侧上部有7～8条斜向前下方的棕色条纹，下部有9～10条斜向后下方的棕色条纹，形似"人"字。体被菱形栉鳞，呈斜向排列。侧线不完全，止于背鳍基底后缘下方。有1个背鳍，鳍棘坚硬，鳍条边缘黑色，第5～6枚鳍条末端呈丝状延长，丝状鳍条下方有1个大黑斑。臀鳍外缘黄色，有细黑边。尾鳍边缘有1条浅黄色横带和1条棕色横带，尾鳍后缘截形或广弧形。

生态习性　暖水性中上层鱼类，栖息于珊瑚礁、岩礁、海藻丛环境。主要以珊瑚虫、甲壳动物、多毛类、藻类碎屑为食。

地理分布　丝蝴蝶鱼分布于印度-太平洋，在我国分布于东海、南海。

经济价值　可观赏。

# 朴蝴蝶鱼

**学　　名**　*Roa modesta* (Temminck & Schlegel, 1844)

**别　　名**　荷包鱼、尖嘴蝶

**分类地位**　鲈形目蝴蝶鱼科罗蝴蝶鱼属

**形态特征**　身体侧扁而高，侧面观呈卵圆形。头背缘陡斜，在眼前上方内凹。吻尖而突出，但不延长为管状。头部由背鳍起点经眼向下有1条黄褐色横带。身体银白色，体侧有2条镶有深褐色边缘的黄色宽横带。体被栉鳞。侧线不完全，止于背鳍基底后缘下方。有1个背鳍，鳍棘粗壮，鳍条部有1个白缘黑色大圆斑。胸鳍基部黄色。腹鳍黄褐色，前缘银白色。尾柄后部有1条黄色细带，尾鳍基部黄褐色，后缘截形。

**生态习性**　暖水性小型鱼类，栖息于珊瑚礁和岩礁环境，喜集群。主要以珊瑚虫、甲壳动物、多毛类、藻类碎屑为食。

**地理分布**　朴蝴蝶鱼分布于印度–西太平洋，在我国沿海均有分布。

**经济价值**　可观赏。

引自 OpenCage.info

# 美蝴蝶鱼

学　　名　*Chaetodon wiebeli* Kaup, 1863

别　　名　燕米鲳、石头鲳、黑尾蝶

分类地位　鲈形目蝴蝶鱼科蝴蝶鱼属

形态特征　身体侧扁而高，侧面观呈卵圆形。头背缘陡直，头侧由眼上方向下经眼至间鳃盖骨有1条宽的黑色横带，眼带后方有1条宽的白带。项背部有1个黑色三角形大斑，胸部有4～5个橙色小斑点。身体橙黄色，体侧有16～18条斜向上的橙褐色条纹。体被栉鳞，排列整齐，呈斜列状。侧线不完全，止于背鳍基底后缘下方。各鳍黄色，背鳍、臀鳍后缘黑色。有1个背鳍，鳍棘粗壮。臀鳍、背鳍的鳍条部外缘弧形。尾鳍边缘乳白色，中部有1条黑色横带，黑色横带前有1条白带，后缘截形。

生态习性　暖水性小型鱼类，栖息于珊瑚礁和岩礁附近水质清澈的海域。主要以珊瑚虫、藻类为食。

地理分布　美蝴蝶鱼分布于西太平洋，在我国分布于东海、南海。

经济价值　可观赏。

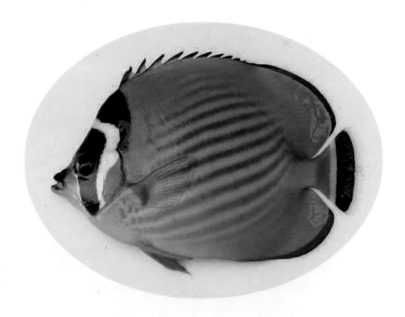

# 钻嘴鱼

学　　名　*Chelmon rostratus* (Linnaeus, 1758)

别　　名　短火箭、火箭鱼

分类地位　鲈形目蝴蝶鱼科钻嘴鱼属

形态特征　身体侧扁而高，侧面观呈卵圆形。头尖而突出，在眼前上方背缘凹入。成鱼吻延长为长管状，幼鱼吻不延长为管状。身体银白色，后部略黄。体侧有5条金黄色横带，前4条镶黑边，最后1条前后缘镶白边。体被弱栉鳞，侧线完全。有1个背鳍，鳍条部有1个白缘黑色眼状斑。背鳍与臀鳍后部橙黄色，中央为灰色，末缘有蓝灰色线纹。胸鳍灰白色。腹鳍黄色，第1枚鳍条呈丝状延长。臀鳍后缘弧形。尾柄基部有1条镶白边的黑色横带，尾鳍基部橙黄色，后部白色，后缘截形或微凸。

生态习性　暖水性中小型鱼类，栖息于珊瑚礁、岩礁周围及河口，常独居或成对出现。以珊瑚礁碎屑、小型无脊椎动物为食。

地理分布　钻嘴鱼分布于印度-西太平洋，在我国分布于东海、南海。

经济价值　可观赏。

引自 Philippe Bourjon

# 马夫鱼

**学　　名**　*Heniochus acuminatus* (Linnaeus, 1758)

**别　　名**　举旗仔、白关刀

**分类地位**　鲈形目蝴蝶鱼科马夫鱼属

**形态特征**　身体侧扁而高，侧面观呈卵圆形，背缘隆起。头背缘自眼上后方陡直，头顶灰黑色，两眼间有黑色横纹。吻较长，但不延长为管状，吻背面灰黑色。身体银白色，略带浅黄色，体侧有2条黑色宽斜带。体被栉鳞，侧线完全。背鳍鳍条部、尾鳍、胸鳍黄色，胸鳍基部、腹鳍和臀鳍后部及边缘黑色。有1个背鳍，第4枚鳍棘呈丝状延长。臀鳍略呈三角形，鳍棘粗壮。腹鳍长而大，尾鳍后缘截形或微凹。

**生态习性**　暖水性中小型鱼类，幼鱼栖息水深较浅，成鱼常生活于珊瑚礁或泥沙底质近海水体中上层。以浮游生物和岩礁上附着的生物为食。

**地理分布**　马夫鱼分布于印度–西太平洋，在我国分布于东海、南海。

**经济价值**　可观赏。

# 细鳞鯻

学　　名　*Terapon jarbua* (Forsskål, 1775)

别　　名　斑梧、海黄蜂、花身仔

分类地位　鲈形目鯻科鯻属

形态特征　身体延长而侧扁，侧面观呈长椭圆形。身体背部灰褐色，腹部银白色，体侧有3条弧形的黑褐色纵带，最下面1条由头部经尾柄侧面中部至尾鳍后缘中央。体被细栉鳞，侧线完全。有1个背鳍，鳍棘强大，第4～7枚鳍棘的棘膜上有1个大黑斑，鳍条部有2～3个小黑斑。尾鳍叉形，上、下叶末端黑色，各有1条黑色斜条纹。其余鳍浅黄色。

生态习性　近海暖水性中下层小型鱼类，通常栖息于泥沙底质海域，也进入河口，广盐性。肉食性，以小鱼和底栖的甲壳动物、软体动物等为食。

地理分布　细鳞鯻分布于印度–西太平洋，在我国分布于东海、南海。

经济价值　可食用经济鱼类，肉质较粗，产量尚可。

引自 Paul Asman & Jill Lenoble

# 鯯

| 学　　名 | *Terapon theraps* Cuvier, 1829 |

学　　名　*Terapon theraps* Cuvier, 1829

别　　名　丁公、硬头浪、斑梧、花身仔

分类地位　鲈形目鯯科鯯属

形态特征　身体延长而侧扁，侧面观呈长椭圆形。身体背部灰褐色，腹部银白色，体侧有4条棕黑色纵带。体被细栉鳞，颊部和鳃盖也被鳞。侧线完全。有1个背鳍，鳍棘强大，以第4枚鳍棘最长，第3～7枚鳍棘的棘膜上有1个大黑斑，鳍条部有2～3个小黑斑。胸鳍和腹鳍浅黄色，臀鳍上有1个棕黑色斑。尾鳍叉形，有5条棕黑色条纹。

生态习性　近海暖水性中下层小型鱼类，通常栖息于水深较浅的泥沙底质海域或岩礁环境，可进入河口。肉食性，以小鱼和底栖的甲壳动物、软体动物等为食。

地理分布　鯯分布于印度-西太平洋，在我国分布于东海、南海。

经济价值　可食用经济鱼类，肉质较粗，产量在鯯科鱼类中最高。

# 条石鲷

学　　名　*Oplegnathus fasciatus* (Temminck & Schlegel, 1844)

别　　名　黑石立、黑嘴

分类地位　鲈形目石鲷科石鲷属

形态特征　身体延长，侧扁而高，侧面观呈长卵圆形。头背缘稍斜直。身体黄褐色，头部和体侧有7条黑色横带。体被细小栉鳞，侧线上侧位。背鳍、臀鳍、尾鳍的边缘黑色。背鳍连续，鳍条部高于鳍棘部。胸鳍短，后缘弧形，黑色。腹鳍黑色。尾鳍浅凹形。

生态习性　近海暖水性鱼类，常栖息于岩礁环境。肉食性，牙齿锋利，主要以无脊椎动物或岩礁上附着的生物为食。

地理分布　条石鲷分布于太平洋，在我国分布于渤海、黄海、东海。

经济价值　可食用经济鱼类，肉味鲜美，产量不高，在北方有人工养殖。

# 斑石鲷

学　　名　*Oplegnathus punctatus* (Temminck & Schlegel, 1844)

别　　名　黑石立、斑鲷、黑嘴

分类地位　鲈形目石鲷科石鲷属

形态特征　身体侧扁而高，侧面观呈长卵圆形。头背缘斜直。身体灰褐色，有银色光泽；幼鱼体色稍浅。头部、体侧、胸鳍、尾鳍、背鳍、臀鳍鳍条部密布瞳孔大小、形状不规则的黑褐色斑点。体被细小栉鳞，侧线完全。有1个背鳍，鳍棘部发达，各鳍棘折叠时可收于背部浅沟内。胸鳍短，后缘弧形。腹鳍黑褐色。臀鳍鳍棘粗短，鳍条部与背鳍鳍条部形状相同。尾柄短，尾鳍后缘微凹或截形。

生态习性　近海暖温性中下层鱼类，常栖息于岩礁附近或泥沙底质海域。肉食性，牙齿锋利，以无脊椎动物或岩礁上附着的生物为食。

地理分布　斑石鲷分布于太平洋，在我国沿海均有分布。

经济价值　可食用经济鱼类，肉味鲜美，产量不高。

引自 OpenCage.info

# 克氏棘赤刀鱼

学　　名　*Acanthocepola krusensternii* (Temminck & Schlegel, 1845)

别　　名　赤条、婆带、脚连带

分类地位　鲈形目赤刀鱼科棘赤刀鱼属

形态特征　身体颇延长，侧扁，呈带状，背缘和腹缘均平直。身体橘红色，背部颜色较深，腹部颜色较浅，身体前部背侧有多个深红色圆斑，体侧后半部有多条深红色横带。体表除吻部无鳞外，均被细小圆鳞。有1个背鳍，均由鳍条组成，向后有鳍膜与尾鳍相连。背鳍、臀鳍、尾鳍的边缘深红色，胸鳍红色，腹鳍乳白色。臀鳍与背鳍形状相同，向后有鳍膜与尾鳍相连。尾鳍尖形。

生态习性　暖水性底栖鱼类，常栖息于水深80～100 m的沙或泥沙底质海域，喜穴居。捕食小型无脊椎动物、小鱼。

地理分布　克氏棘赤刀鱼分布于西太平洋，在我国分布于东海、南海。

经济价值　可食用，经济价值不高。

# 豆娘鱼

| 学　　名 | *Abudefduf sordidus* (Forsskål, 1775) |

**学　　名**　*Abudefduf sordidus* (Forsskål, 1775)

**别　　名**　厚壳仔、孟加拉雀鲷

**分类地位**　鲈形目雀鲷科豆娘鱼属

**形态特征**　身体侧扁而高，侧面观近卵圆形。身体灰白色或灰黄色，背部颜色较深，腹部颜色较浅，体侧有6～7条灰黑色横带，横带有时候不明显。体被栉鳞，侧线不完全。各鳍灰褐色或灰黑色。有1个背鳍，中部鳍条延长。胸鳍颇宽，末端延伸至肛门，胸鳍基上方有1个黑色小斑。腹鳍第1枚鳍条略呈丝状延长。臀鳍与背鳍鳍条部相对、形状相同。尾柄背部两侧各有1个大黑斑，尾鳍叉形，上、下叶末端尖形。

**生态习性**　热带近海珊瑚礁鱼类，主要栖息于水深较浅的岩礁或珊瑚礁周围，常成群游动。杂食性，以浮游动物、藻类碎屑为食。

**地理分布**　豆娘鱼分布于印度-太平洋，在我国分布于东海、南海。

**经济价值**　可食用。可观赏。

引自 Brian Gratwicke

引自 Rickard Zerpe

# 五带豆娘鱼

学　　名　*Abudefduf vaigiensis* (Quoy & Gaimard, 1825)

别　　名　厚壳仔、五线雀鲷、惠琪豆娘鱼

分类地位　鲈形目雀鲷科豆娘鱼属

形态特征　身体侧扁而高，侧面观呈卵圆形。身体呈灰白色或灰蓝色，背部偏黄色，体侧有5条横带。体被栉鳞；眶前骨无鳞，眶下骨的后部有1行鳞。侧线不完全。各鳍深灰色。有1个背鳍。胸鳍基底上方有1个小黑斑。臀鳍鳍条部与背鳍鳍条部形状相同，中部鳍条均延长，后缘尖形。尾柄短而高。尾鳍灰白色，叉形；上、下叶内缘颜色较浅，末端尖形，不呈丝状延长。

生态习性　热带和亚热带珊瑚礁鱼类，栖息于珊瑚礁或岩礁周围，常成群游动。杂食性，以浮游动物、藻类碎屑为食。

地理分布　五带豆娘鱼分布于印度−太平洋，在我国分布于东海、南海。

经济价值　可食用。可观赏。

# 条尾光鳃鱼

学　　名　*Chromis ternatensis* (Bleeker, 1856)

别　　名　厚壳仔、黑婆、斑鳍光鳃鱼

分类地位　鲈形目雀鲷科光鳃鱼属

形态特征　身体侧扁，侧面观呈卵圆形。身体灰褐色至红褐色，腹部颜色较浅。体被大栉鳞，头部也被鳞，眶前骨及眶下骨有1行鳞，颊部有3行鳞。侧线不完全，后端止于背鳍鳍条部起点稍后的下方。有1个背鳍，褐色，鳍棘尖锐，第5～7枚鳍条略延长。臀鳍、胸鳍、腹鳍浅黄褐色。臀鳍与背鳍鳍条部相对、形状相同，后缘尖形。尾鳍深叉形，上叶较长，上、下叶末端稍呈丝状延长，上、下叶外缘各有1条深褐色带。

生态习性　近海暖水性小型鱼类，主要栖息于水质清澈的珊瑚礁或岩礁周围，常成群活动。主要以浮游动物为食。

地理分布　条尾光鳃鱼分布于印度-太平洋，在我国分布于东海、南海。

经济价值　可观赏。

# 乔氏蜥雀鲷

学　　名　*Teixeirichthys jordani* (Rutter, 1897)

别　　名　厚壳仔、放米

分类地位　鲈形目雀鲷科蜥雀鲷属

形态特征　身体延长而侧扁，侧面观呈长卵圆形。头部有蓝点及斑块，身体蓝灰色或灰褐色。体被小栉鳞，体侧鳞片大多有1个蓝色小点或细线纹，沿各鳞列相连形成蓝色纵纹。侧线不完，止于背鳍鳍条下方。有1个背鳍。背鳍、臀鳍、尾鳍深灰色，外缘灰黑色。胸鳍基底上部有1个黑斑，胸鳍、腹鳍浅灰褐色。臀鳍与背鳍鳍条部相对、形状相同，鳍条部均延长，尖形。尾鳍叉形，上、下叶末端稍呈丝状延长，上叶延长更明显。

生态习性　暖水性小型鱼类，通常栖息于海草床或沙底质海域。以浮游动物或藻类碎屑为食。

地理分布　乔氏蜥雀鲷分布于印度–西太平洋，在我国分布于东海、南海。

经济价值　可食用。可观赏。

# 蓝猪齿鱼

学　　名　*Choerodon azurio* (Jordan & Snyder, 1901)

别　　名　石老、毛鱼、鹦哥、四齿仔

分类地位　鲈形目隆头鱼科猪齿鱼属

形态特征　身体稍延长，侧扁，侧面观呈长卵圆形。头背缘颇陡，两颌前方各有2对犬齿，上颌齿愈合为骨质嵴，下颌两侧齿基部愈合为嵴状。身体浅红褐色，体侧自胸鳍上方斜向背鳍基部有2条相邻的斜带：前面一条黑色或深褐色；另一条较短，白色至粉色。幼鱼身体红褐色，斜带随生长而逐渐出现。体被大圆鳞，侧线完全。有1个背鳍，靠近基部有1条橙黄色纵带，上半部黄褐色。臀鳍有1条黄色细带。背鳍、臀鳍的后部鳍条稍长，后缘尖形。尾柄高，尾鳍灰褐色，上、下缘末端蓝色，后缘截形。

生态习性　近海暖水性底层鱼类，栖息于珊瑚礁、岩礁周围，常隐藏在石缝中。肉食性，捕食隐藏在石块下的甲壳动物、软体动物、小鱼。

地理分布　蓝猪齿鱼分布于西太平洋，在我国分布于东海、南海。

经济价值　可观赏。可食用。

引自 Izuzuki

# 舒氏猪齿鱼

学　　名　*Choerodon choenleinii* (Valenciennes, 1839)

别　　名　石老、四齿鱼

分类地位　鲈形目隆头鱼科猪齿鱼属

形态特征　身体稍延长，侧扁，侧面观近长卵圆形。头背缘隆起，眼前后均有数条蓝绿色线纹，下颌外缘蓝绿色。两颌前方各有2对犬齿，两侧齿稍愈合为骨质嵴，齿绿色。头及体侧上部蓝灰色至橄榄绿色，腹部灰黄色。体被大圆鳞，体侧鳞片大多有1个蓝色小点或细线纹，沿各鳞列相连形成蓝色纵纹。侧线完全。有1个背鳍，基部有1条蓝色纵带，上半部橙黄色，最后2枚鳍棘及第1枚鳍条基部的鳞鞘上有1个大黑斑。尾鳍灰褐色，散布有橙色和蓝色小斑点，上端橙色，后缘截形。

生态习性　热带和亚热带中大型珊瑚礁鱼类，主要栖息于珊瑚礁、岩礁周围。肉食性，常用头部掀翻海底石块，捕食隐藏在石块下的甲壳动物、软体动物。

地理分布　舒氏猪齿鱼分布于印度-西太平洋，在我国分布于东海、南海。

经济价值　可观赏。可食用。

# 裂唇鱼

学　　名　*Labroides dimidiatus* (Valenciennes, 1839)

别　　名　清道夫、鱼医生

分类地位　鲈形目隆头鱼科裂唇鱼属

形态特征　身体延长而侧扁，背缘除头部外几乎呈直线。唇颇厚，上唇内侧正中有1个浅沟将上唇分为2叶，下唇分为左、右2叶。身体蓝白色，体侧由吻端经眼向后至尾鳍后端有1条蓝黑色纵带，纵带向后逐渐变宽。体被小圆鳞，侧线完全。有1个背鳍。尾柄短而高，尾鳍后缘截形或微凸，上、下缘白色。

生态习性　热带和亚热带小型珊瑚礁鱼类，主要栖息于珊瑚礁和岩礁周围。能帮助病鱼清理身上的寄生虫和污垢，因此被称为"鱼医生"。

地理分布　裂唇鱼分布于印度-太平洋，在我国分布于东海、南海。

经济价值　可观赏。

Bernard Dupont

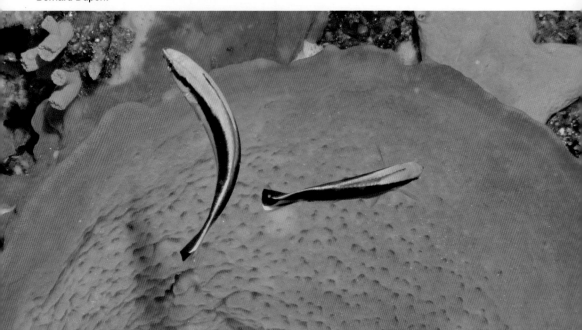

引自 Rickard Zerpe

引自 Rickard Zerpe

# 绿鹦嘴鱼

学　　名　*Chlorurus sordidus* (Forsskål, 1775)

别　　名　青杉、青衣、蓝鹦哥、青尾鹦哥

分类地位　鲈形目鹦嘴鱼科绿鹦嘴鱼属

形态特征　身体粗壮，侧扁，侧面观呈长椭圆

形。体色随个体生长变异大，雌雄之间也有差异。

幼鱼身体黑褐色，体侧有数条白色纵纹。成熟雄

鱼身体蓝绿色，腹面有数条蓝绿色与灰色相间的纵

引自 Rickard Zerpe

纹。上、下颌齿均愈合为齿板，切缘钝锯齿状，两颌齿板大部分外露。颊部和体后部有时

有黄色大斑。体被大圆鳞，各鳞片边缘橙黄色。侧线在背鳍基底后端下方中断为上、下

2段。有1个背鳍。背鳍、臀鳍蓝绿色，基部各有1条黄色纵带。尾鳍蓝绿色，基部有绿色

斑。幼鱼尾鳍后缘弧形，成鱼尾鳍后缘浅凹形或截形。

生态习性　热带和亚热带中大型珊瑚礁鱼类。幼鱼主要栖息于浅海珊瑚礁或珊瑚礁平

台周围，成群活动；成鱼栖息于较开阔的珊瑚礁和岩礁周围。以海藻为食。

地理分布　绿鹦嘴鱼分布于印度-太平洋，在我国分布于东海、南海。

经济价值　可食用经济鱼类。可观赏。

# 青点鹦嘴鱼

学　　名　*Scarus ghobban* Forsskål, 1775

别　　名　鹦哥、青衫、红衫

分类地位　鲈形目鹦嘴鱼科鹦嘴鱼属

形态特征　身体侧扁，侧面观呈长椭圆形，背、腹缘弧形。雌鱼幼鱼身体黄褐色，背部和体侧鳞片有蓝色中心，鳞片外缘为蓝色，相连形成5条形状不规则的蓝色横带，其中4条在躯干部，另一条在尾柄部；背鳍及臀鳍与体色相仿，外缘和基部蓝色；胸鳍和腹鳍浅黄色；尾鳍棕黄色，上、下缘蓝色。雄鱼成鱼头背侧和体侧绿色，鳞片外缘橘红色；颊部和鳃盖浅橙色，颌部和峡部蓝绿色；背鳍和臀鳍黄色，外缘和基部有蓝绿色纵带；胸鳍蓝色；腹鳍浅黄色，硬棘末梢蓝色；尾鳍蓝绿色，边缘黄色。吻长。上、下颌齿均愈合为齿

引自 Brian Gratwicke

板，大鱼上颌齿板在口角附近有1枚犬齿，下颌无犬齿。唇很宽，包被齿板的大部分。体被大圆鳞，侧线在尾柄前方中断。有1个背鳍。幼鱼尾鳍后缘截形，成鱼尾鳍后缘微凹或新月形。

**生态习性** 热带中大型珊瑚礁鱼类，主要栖息于水质清澈的珊瑚礁或岩礁周围，幼鱼成群活动。以海藻为食。

**地理分布** 青点鹦嘴鱼分布于印度-太平洋，在我国分布于东海、南海。

**经济价值** 可食用经济鱼类，肉味鲜美。可观赏。

# 绵鳚

学　　名　*Zoarces elongatus* Kner, 1868

别　　名　海鲇鱼、光鱼

分类地位　鲈形目绵鳚科绵鳚属

形态特征　身体延长，呈鳗形，前部近圆柱状，尾部侧扁。身体灰黄色，腹部白色，体侧沿背鳍基有1纵列、17～19个深褐色略带黑色的大斑块，体中线沿侧线有若干云状斑。体被埋于皮下的小圆鳞，头部无鳞。有1条侧线。背鳍基很长，后端与尾鳍相连，背鳍第4～7枚鳍条处有1个黑色圆斑。胸鳍宽，后缘弧形。臀鳍后端与尾鳍相连。尾鳍后缘弧形。

生态习性　近海冷温性底层鱼类，一般只季节性洄游于深海、浅海。以小鱼、底栖无脊椎动物为食。

地理分布　绵鳚分布于西北太平洋，在我国主要分布于渤海、黄海，东海北部亦有分布。

经济价值　可食用，肉味鲜美，经济价值较高，为我国北方沿海小型底拖网的主要捕捞对象。

引自 Rickard Zerpe

# 圆拟鲈

学　　名　*Parapercis cylindrica* (Bloch, 1792)

别　　名　沙鲈

分类地位　鲈形目拟鲈科拟鲈属

形态特征　身体延长，似圆柱状，向后逐渐侧扁。头似尖锥状，眼稍突出于头的背缘，头侧有2条黑褐色斜带，一条自眼前缘至上颌，另一条自眼后至头腹面。身体背部黄褐色，腹部灰白色。体侧上半部有8～9个横斑，后面的斑纹略呈V形；体侧下半部有9～10条梭形横带。体被栉鳞，侧线完全。各鳍灰黄色，均有黑色小斑点。背鳍连续，鳍棘部灰黄色，第2～5枚鳍棘间有1个大黑斑。胸鳍后缘弧形，腹鳍尖而长，尾鳍后缘截形或弧形。

生态习性　暖水性小型底栖鱼类，通常栖息于水质清澈的泥沙底质浅海或海藻床附近。以底栖甲壳动物、小鱼为食。

地理分布　圆拟鲈分布于西太平洋，在我国分布于东海、南海。

经济价值　可食用，经济价值不高。

# 美拟鲈

| 学　　名 | *Parapercis pulchella* (Temminck & Schlegel, 1843) |
|---|---|

**别　　名**　沙鲈、举目鱼

**分类地位**　鲈形目拟鲈科拟鲈属

**形态特征**　身体近圆柱状，向后逐渐侧扁。头似尖锥状，眼稍突出于头的背缘。头侧与吻上有数条蓝色斜纹，头的腹面及下唇有多个黑色圆斑，颈部有3条黑色斑纹。身体背部红褐色，腹部浅红色，体侧中央有1条浅色纵带，将体侧的5～6条深红色横带分成上、下两部分。体被小栉鳞，侧线完全。背鳍连续，鳍棘部有1个大黑斑，鳍条部有许多黄色斑点。臀鳍形状与第二背鳍相似，外缘深褐色。尾鳍上半部黄褐色，常有鳍条延长；下半部红褐色，散布许多褐色和白色斑点。尾鳍后缘截形。

**生态习性**　暖水性中下层小型鱼类，栖息于泥沙底质的浅海。以底栖甲壳动物、小鱼为食。

**地理分布**　美拟鲈分布于西北太平洋，在我国分布于东海、南海。

**经济价值**　可食用，经济价值不高。

引自 Izuzuki

# 玉筋鱼

学　　名　*Ammodytes personatus* Girard, 1856

别　　名　面条鱼、银针鱼

分类地位　鲈形目玉筋鱼科玉筋鱼属

形态特征　身体细长，稍侧扁。下颌较长，上颌能伸缩。体侧浅绿色，背部灰黑色，腹部白色。体被小圆鳞，头部及鳍无鳞。体侧有很多斜向后下方的横皮褶，皮褶之间为1枚横行小圆鳞。自每侧胸鳍基的前下方向后各有1条纵皮褶。有1条直的侧线。有1个背鳍，鳍条的基部各有1个小黑点，最后鳍条不延伸至尾鳍基。胸鳍基部浅灰黑色，无腹鳍，臀鳍与背鳍形状相似。尾鳍叉形，基部浅灰黑色。

生态习性　近海冷温性小型鱼类，栖息于沙质环境，喜在沙内钻游，群栖性。

地理分布　玉筋鱼分布于西北太平洋，在我国分布于渤海、黄海。

经济价值　可食用经济鱼类。

# 项鳞䲝

学　　名　*Uranoscopus tosae* (Jordan & Hubbus, 1925)

别　　名　大头丁、铜锤乖、向天虎、土佐䲝

分类地位　鲈形目䲝科䲝属

形态特征　身体延长，前部稍平扁，向后略侧扁。头背面及两侧被粗骨板，口裂近垂直。身体背部黄褐色至棕褐色，腹部灰白色。体表被小圆鳞，不易脱落，鳞片斜向后下方排列；项背部有鳞，仅喉部至肛门附近及胸鳍基周围无鳞。第一背鳍小，黑色，基底白色；第二背鳍较高大，黄褐色。胸鳍宽大，黄褐色。腹鳍、臀鳍浅黄褐色或浅灰褐色。尾鳍后缘截形，黄褐色。

生态习性　近海暖水性中下层鱼类，栖息于泥沙底质环境。常埋于沙中，两眼外露，以口腔的皮瓣引诱和捕食小鱼、无脊椎动物。

地理分布　项鳞䲝分布于西太平洋，在我国分布于东海、南海。

经济价值　可食用。

# 美肩鳃䲁

学　　名　*Omobranchus elegans* (Steindachner, 1876)

别　　名　蛙䲁

分类地位　鲈形目䲁科肩鳃䲁属

形态特征　身体延长而侧扁，自头部向后逐渐变低。上颌突出于下颌，吻前端、眼间隔及后头部各有1条黑色横纹。身体黄褐色，躯干前部有4条黑色横纹，尾部横纹不明显，鳃盖部和体侧有许多小黑点。背鳍很长，始于鳃孔前方附近，最后一枚鳍条有鳍膜与尾鳍前缘相连。背鳍、臀鳍有少数黑点。胸鳍后缘弧形，较小。腹鳍很小。尾鳍短，后缘弧形。

生态习性　近海冷温性小型底层鱼类。卵为沉性，亲鱼有护卵行为。以小鱼、甲壳动物为食。

地理分布　美肩鳃䲁分布于西北太平洋，在我国分布于渤海、黄海、东海。

经济价值　可观赏。

引自 Rainer Kretzberg

引自 Dirk Godlinski

# 细纹凤鳚

**学　　名** *Salarias fasciatus* (Bloch, 1786)

**别　　名** 跳海仔

**分类地位** 鲈形目鳚科凤鳚属

**形态特征** 身体延长而侧扁。鼻须有分支；项背须有丛状分支，两丛相互分离；眼上须有分支。两眼之间在头顶部有2条黑褐色横带。身体背部黄绿色，腹部黄褐色，体侧有8～9条深褐色横纹，身体前部中央有许多黑色细纹及小黑点。体无鳞，侧线短。各鳍黄褐色。有1个背鳍，基部有小黑斑形成的网状纹，最后鳍条以鳍膜连于尾鳍上缘前部。胸鳍宽，后缘弧形。腹鳍、胸鳍、臀鳍、尾鳍均散布黑褐色小点。臀鳍最后鳍条基部有鳍膜连于尾柄前部。尾鳍后缘圆截形，中部9枚鳍条有分支。

**生态习性** 热带珊瑚礁小型鱼类，通常栖息于海藻繁茂的珊瑚礁或岩礁周围。以海藻碎屑为食。

**地理分布** 细纹凤鳚分布于红海和印度-西太平洋，在我国分布于东海、南海。

**经济价值** 可观赏。

136

# 弯棘斜棘鳉

学　　名　*Repomucenus curvicornis* Valenciennes, 1837

别　　名　滑骨鱼、箭头鱼、弯棘鳉

分类地位　鲈形目鳉科鳉属

形态特征　身体延长，前部稍平扁，向后逐渐变细且稍侧扁。吻和眼下方有若干形状不规则的黄色和蓝色细纹。身体背部黄褐色，散布若干浅蓝色和深褐色小点。雄鱼体侧下半部灰白色，有若干条斜纹；雌鱼体侧下半部黄白色，体侧中央有数个深褐色长形斑。体表无鳞。有1条侧线，左、右侧线在头枕部及尾柄部各有一横支自背侧相连。第一背鳍白色，雄鱼鳍膜有黄褐色和黑色大斑，雌鱼鳍膜有1个大黑斑；第二背鳍白色，有黄褐色横纹，外缘黄色。腹鳍喉位，有膜与胸鳍基前方相连。雄鱼臀鳍外缘黑色；雌鱼臀鳍白色，每一鳍膜有1个黄斑。尾鳍上半部黄褐色，散布颜色深浅不一的小点；下半部灰黑色。雄鱼尾鳍延长，呈矛尾状；雌鱼尾鳍后缘弧形。

生态习性　近海暖水性底层鱼类，栖息于泥沙底质环境。以底栖动物为食。

地理分布　弯棘斜棘鳉分布于西北太平洋，在我国分布于东海、南海。

经济价值　可食用，经济价值不高。

引自 Kimon Berlin

# 斑尾刺虾虎鱼

学　　名　*Acanthogobius ommaturus* (Richardson, 1845)

别　　名　胖头、矛尾复虾虎鱼

分类地位　鲈形目虾虎鱼科刺虾虎鱼属

形态特征　身体延长，前部粗壮，呈圆柱状，后部细而侧扁。头部有深色斑块，颊部下缘颜色浅。身体浅黄灰色，背部浅棕灰色，腹部灰白色，体侧常有数个黑色斑块。体被弱栉鳞；头部除颊部及鳃盖骨被鳞外，其余裸露无鳞。无侧线。第一背鳍浅黄色，上缘橙黄色；第二背鳍有3～5纵行黑色点纹。胸鳍和腹鳍浅黄色，左、右腹鳍愈合成1个吸盘。臀鳍颜色较浅，下缘橙黄色，臀鳍与第二背鳍相对、形状相同。尾柄短，尾鳍尖而长。

生态习性　近海暖温性中大型底层鱼类，栖息于淤泥或泥沙底质的浅海，可进入港湾及河口，有时进入淡水。性凶猛，捕食小鱼、虾、蟹、小型软体动物。

地理分布　斑尾刺虾虎鱼分布于西北太平洋，在我国沿海均有分布。

经济价值　可食用经济鱼类。

# 犬牙缰虾虎鱼

学　　名　*Amoya caninus* (Valenciennes, 1837)

别　　名　甘仔鱼、犬牙细棘虾虎鱼

分类地位　鲈形目虾虎鱼科缰虾虎鱼属

形态特征　身体延长，前部近圆柱状，后部侧扁。眼后方至第一背鳍起点间有2条横带，肩胛部有1个蓝绿色圆斑。身体黄褐色，腹部颜色较浅。体侧正中有5个较大的黑褐色圆斑，排成1纵行。身体背部有4~5个黑褐色大斑块，与体侧圆斑相间排列。体被栉鳞；头部除项部和鳃盖上部被小圆鳞外，其余均无鳞。各鳞片均有亮蓝色小点。无侧线。各鳍棕黑色。背鳍和尾鳍上部有黄棕色斑点。胸鳍宽大，左、右腹鳍愈合成1个吸盘。臀鳍与第二背鳍形状相同，基部有橘红色斑点。尾鳍后缘弧形。

生态习性　近海暖水性小型鱼类，栖息于红树林、河口及泥沙底质环境，耐盐性较广，但不能在纯淡水中生存。以鱼类及其他小型底栖动物为食。

地理分布　犬牙缰虾虎鱼分布于印度-西太平洋，在我国分布于东海、南海。

# 弹涂鱼

学　　名　*Periophthalmus modestus* (Cantor, 1842)

别　　名　泥猴、跳跳鱼

分类地位　鲈形目虾虎鱼科弹涂鱼属

形态特征　身体延长而侧扁。液浸标本的身体灰棕色，体侧中央有若干褐色小斑。体被小圆鳞，无侧线。第一背鳍较高，扇形，浅褐色，边缘白色，平放时可延伸至第二背鳍起点；第二背鳍上缘颜色较浅，中部有1条黑色纵带，此纵带下缘有1条白色纵带。胸鳍黄褐色，基部肌肉发达，肌柄呈臂状。腹鳍灰褐色，左、右腹鳍愈合成1个心形吸盘。臀鳍基长，与第二背鳍形状相同，浅褐色，边缘白色。尾柄较长，尾鳍后缘弧形，褐色，鳍条有斑点。

生态习性　近海暖温性小型底栖鱼类，栖息于淤泥或泥沙底质的高潮带、河口、红树林，有时进入淡水。适温性、适盐性广，在洞穴定居，常依靠发达的胸鳍肌柄匍匐或跳跃于泥滩中，有在泥滩中筑穴的习性。

地理分布　弹涂鱼分布于西北太平洋，在我国沿海均有分布。

经济价值　可食用，肉味鲜美。

# 白鲳

学　　名　*Ephippus orbis* (Bloch, 1787)

别　　名　鲳鱼、圆白鲳、铜盘

分类地位　鲈形目白鲳科白鲳属

形态特征　身体侧扁而高，侧面观近圆形。身体背部灰褐色，腹部灰白色，体侧有6条横带。体被栉鳞，鳞片有黑缘。侧线完全。各鳍浅褐色，密布黑色小点。有1个背鳍，起点前方有1枚向前平卧的棘，第3~5枚鳍棘呈丝状延长。胸鳍短，后缘弧形。腹鳍第1枚鳍条延长，臀鳍与背鳍鳍条部形状相同，尾鳍楔形。

生态习性　暖水性中小型鱼类，栖息于珊瑚礁、岩礁周围及近海泥沙底质环境。以底栖的甲壳动物、小鱼为食。

地理分布　白鲳分布于印度-西太平洋，在我国分布于东海、南海。

经济价值　可食用经济鱼类，肉质佳，产量不高。

# 金钱鱼

小贴士

金钱鱼的背鳍有毒，人被刺后会感到剧痛。

**学　　名**　*Scatophagus argus* (Linnaeus, 1766)

**别　　名**　金鼓

**分类地位**　鲈形目金钱鱼科金钱鱼属

**形态特征**　身体侧扁而高，侧面观略呈卵圆形。头部常有2条黑色横带。身体褐色，腹部颜色较浅，体侧散布近圆形的大黑斑。幼鱼身体多为橄榄绿色，且有金色光泽，体侧黑斑多且明显。体被细小的栉鳞，不易脱落。侧线完全。奇鳍上有黑色斑点。有1个背鳍，起点前方有1枚向前平卧的棘，常埋于皮下。胸鳍短，后缘弧形。臀鳍与背鳍鳍条部形状相同。尾鳍后缘截形或双凹形。

**生态习性**　近海暖水性小型鱼类，栖息于多岩礁或海藻丛生的环境，有时进入河口、红树林或河川下游，幼鱼多出现在半咸水中。主要以甲壳动物、多毛类、藻类碎屑为食。

**地理分布**　金钱鱼分布于印度−太平洋，在我国分布于东海、南海。

**经济价值**　可食用经济鱼类，目前可人工养殖。可观赏。

引自 Brian Gratwicke

# 褐篮子鱼

学　　名　*Siganus fuscescens* (Houttuyn, 1872)

别　　名　黎猛、泥猛、臭都鱼

分类地位　鲈形目篮子鱼科篮子鱼属

形态特征　身体侧扁，侧面观呈长椭圆形。头较小。身体背部黄绿色且带有褐色，腹部灰黄色，体侧密布浅色小斑点，侧线起始处下方有1个黑色圆斑，侧线上方有2～4列浅蓝色斑点，侧线下方有稍大的白色卵圆形斑点。幼鱼体侧有5条宽的斜带，斜带边缘镶嵌深褐色斑点。体被小圆鳞，埋于皮下。侧线完全。各鳍黄褐色。有1个背鳍，有斑纹，起点前有1枚向前的小棘，埋于皮下。腹鳍内外各有1枚棘，臀鳍有斑纹。尾柄细长，尾鳍有颜色深浅不一的带纹及斑点，幼鱼尾鳍后缘浅凹形，成鱼尾鳍叉形。

生态习性　暖温性中小型鱼类，栖息于底质平坦的浅海或岩礁环境，常成群活动。以藻类、小型附着性无脊椎动物为食。

地理分布　褐篮子鱼分布于西太平洋，在我国主要分布于东海、南海，在黄海有时可捕到。

经济价值　肉味鲜美，有较高的食用价值，在我国东南沿海有网箱养殖。

引自 Udo Schró

# 狐篮子鱼

学　名　*Siganus unimaculatus* (Evermann & Seale, 1907)

别　名　黎猛、泥猛、臭都鱼

分类地位　鲈形目篮子鱼科篮子鱼属

形态特征　身体侧扁，侧面观呈长椭圆形，背缘和腹缘均较平直。头尖而突出。吻长，尖而突出，形成吻管。头部自背鳍起点经眼睛至吻端有1条宽褐色斜带。前鳃盖至颊部有1条银白色斜带，斜带上散布黑色小点。身体黄色，体侧常有1～2个黑斑。体被小圆鳞，埋于皮下。侧线完全。有1个背鳍，黄色，起点前有1枚向前的小棘，埋于皮下。背鳍鳍棘尖锐，第3～4枚鳍棘最长。胸鳍、腹鳍浅灰色，有黑缘，胸鳍基部和腹鳍基底前方黑褐色。臀鳍黄色。尾鳍黄色，后缘浅凹形。

**生态习性** 暖水性中小型鱼类，栖息于珊瑚礁或岩礁周围，常成群活动。以礁石上附着的藻类为食。

**地理分布** 狐篮子鱼分布于西太平洋，在我国分布于东海、南海。

**经济价值** 可观赏。

引自 Rickard Zerpe

# 镰鱼

学　　名　*Zanclus cornutus* (Linnaeus, 1758)

别　　名　角蝶鱼、角镰鱼

分类地位　鲈形目镰鱼科镰鱼属

形态特征　身体侧扁而高，侧面观近圆形。头前端颇尖。吻尖而长，向前突出，呈管状或圆锥状。头部在眼前缘至胸鳍基部稍后有1条黑色宽横带，吻两侧上方各有1个三角形且镶黑边的黄斑。身体白色至黄色，体侧也有1条黑色宽横带，由背鳍前部鳍条顶端向下至臀鳍前部顶端，在该黑带的近后缘有1条白色横线纹。体被细小而粗糙的鳞片，排列紧密而牢固，各鳞片均有2行刺。侧线完全。有1个背鳍，第1、2枚鳍棘最短且硬，第3枚鳍棘最长，呈长丝状，延长丝白色至浅黄色。腹鳍尖而长，黑色。尾鳍大部分黑色，有新月形的白缘，后缘微凹。

生态习性　暖水性中小型鱼类，常栖息于水深较浅、水质清澈的珊瑚礁或岩礁周围，有时聚集成群觅食。以小型甲壳动物、软体动物等为食。

地理分布　镰鱼分布于印度-太平洋，在我国分布于东海、南海。

经济价值　可观赏。

引自 Laszlo Ilyes

# 横带刺尾鱼

| | |
|---|---|
| 学　名 | *Acanthurus triostegus* (Linnaeus, 1758) |
| 别　名 | 番倒吊、条纹刺尾鱼 |
| 分类地位 | 鲈形目刺尾鱼科刺尾鱼属 |

**形态特征**　身体侧扁，侧面观呈长卵圆形。身体黄褐色至灰绿色，腹部银灰色。头和体侧常有5条黑色横带，第一条横带由项部向下经眼至颊部下缘，最后一条横带位于尾柄前部。除吻部前端裸露外，全体被很小的栉鳞。侧线完全。各鳍黄褐色或灰绿色。有1个背鳍，鳍棘细而尖，第1枚鳍棘短小。胸鳍略呈三角形。尾柄短而高，两侧各有1枚平卧于沟中且稍能竖起的尖棘。尾柄背侧有1条黑色鞍状短带，腹侧有1个黑斑。尾鳍后缘截形或浅凹形。

**生态习性**　暖水性中小型鱼类，栖息于珊瑚礁或岩礁周围，有时聚集成群觅食。以藻类为食。

**地理分布**　横带刺尾鱼分布于印度-太平洋，在我国分布于东海、南海。

**经济价值**　可食用。可观赏。

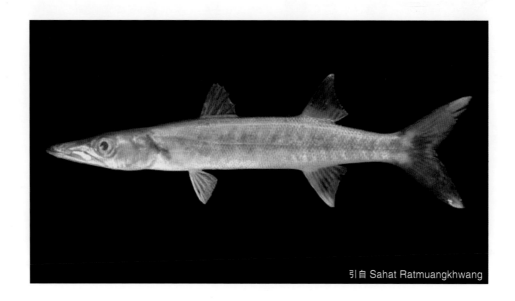

引自 Sahat Ratmuangkhwang

# 斑条魣

**学　　名**　*Sphyraena jello* Cuvier, 1829

**别　　名**　斑条鲻、竹梭、针梭

**分类地位**　鲈形目魣科魣属

**形态特征**　身体细长，呈长梭形，稍侧扁。头较长，尖而突出，额部及吻端黑色。身体背部黑褐色，腹部灰白色，体侧有20余条 "<" 形带纹，延伸至侧线稍下方，幼鱼的带纹更明显。体被细小圆鳞；头部除颊部被鳞外，其余部分皆裸露。侧线完全。背鳍、胸鳍、臀鳍、尾鳍黑褐色，腹鳍颜色较浅。有2个背鳍，第二背鳍和臀鳍的最后鳍条延长。尾鳍叉形。

**生态习性**　近海暖水性中上层鱼类，栖息于岩礁周围、浅海、内湾或河口，喜集群，游泳能力强。性凶猛，肉食性，以小鱼、头足类为食。

**地理分布**　斑条魣分布于印度-西太平洋，在我国分布于东海、南海。

**经济价值**　可食用经济鱼类，肉味鲜美。

# 日本带鱼

学　　名　*Trichiurus japonicus* Temminck & Schlegel, 1844

别　　名　刀鱼、带鱼、白带鱼

分类地位　鲈形目带鱼科带鱼属

形态特征　身体颇延长，侧扁，呈带状，背缘和腹缘几乎平直。头侧扁，前端尖突。下颌突出，前端有1个角锥状突起。身体银白色，吻端、头背部及尾部黑色。鳞退化，侧线完全。有1个背鳍，基部白色透明，上缘深灰色。胸鳍基部浅黄色，后部深灰色，密布小黑点。无腹鳍，臀鳍退化为分离的小棘。尾部渐细，末端长鞭状，尾鳍消失。

生态习性　暖温性中下层鱼类，栖息于水深60～100 m的泥沙底质海域，厌强光，喜弱光，性凶猛，肉食性。幼鱼主要摄食浮游动物、小型底栖甲壳动物；成鱼主要以鱼类为食，也摄食甲壳动物、头足类。

地理分布　日本带鱼广泛分布于印度–西太平洋，在我国沿海均有分布。

经济价值　名贵的可食用鱼类，肉质佳，产量高，有重要的经济价值，为我国四大海产渔业种类之一。

# 圆舵鲣

**学　　名**　*Auxis rochei* (Risso, 1810)

**别　　名**　竹棍、炸弹鱼、铅锤

**分类地位**　鲈形目鲭科舵鲣属

**形态特征**　身体呈纺锤形，横切面近圆形，背缘和腹缘浅弧形隆起。身体背部蓝黑色，腹部浅灰色。身体背部在胸甲后方有蠕虫状斑纹。体表胸甲部被圆鳞，其余部分裸露无鳞。侧线完全。有2个背鳍，相距远。第一背鳍近似三角形，各鳍棘平卧时折叠于背沟中；第二背鳍与臀鳍形状相同。背鳍和臀鳍后方分别有8个和7个小鳍。尾柄细，尾柄两侧各有1个发达的中央隆起嵴。尾鳍新月形，尾鳍基两侧各有2个小的隆起嵴。

**生态习性**　暖水性中上层洄游鱼类，喜集群，游泳迅速。肉食性，以小鱼、甲壳动物、头足类为食。

**地理分布**　圆舵鲣分布于世界各大洋，在我国分布于东海、南海，偶尔见于黄海南部。

**经济价值**　可食用，经济价值高。

# 鲔

学　　名　*Euthynnus affinis* (Cantor, 1849)

别　　名　炸弹鱼、铅锤、花烟、三点仔、白卜鲔

分类地位　鲈形目鲭科鲔属

形态特征　身体呈纺锤形，横切面近圆形。头圆锥状，稍侧扁，吻尖。身体背部蓝黑色，腹部银灰色。体表只在胸甲部及侧线前部被圆鳞，胸鳍上方的鳞片稍大。侧线完全，身体背部的侧线上方无鳞区有10余条斜带，胸部无鳞区有3～4个黑色圆斑。各鳍有时稍带灰黑色。第一背鳍前部鳍棘高于后部鳍棘，各鳍棘平卧时折叠于背沟中；第二背鳍小，后方有8个分离的小鳍。臀鳍与第二背鳍形状相同，其后有7个分离的小鳍。尾柄细，尾柄两侧各有1个发达的中央隆起嵴。尾鳍新月形，尾鳍基两侧各有2个小的隆起嵴。

生态习性　近海暖温性中上层洄游鱼类，喜集群，游泳迅速。肉食性，以小鱼、甲壳动物、头足类为食。

地理分布　鲔分布于印度-西太平洋，在我国分布于黄海、东海、南海。

经济价值　可食用，经济价值高。新鲜鱼可做生鱼片。

# 鲐

**学　　名**　*Scomber japonicus* Houttuyn, 1782

**别　　名**　台巴鱼、青花鱼、花鳀、日本鲭

**分类地位**　鲈形目鲭科鲭属

**形态特征**　身体呈纺锤形，稍侧扁。头近圆锥状，略侧扁，头顶部颜色深。身体背部青蓝色；腹部银白色，略带浅黄色；体侧上方有形状不规则的深蓝色斑纹。背鳍、胸鳍、尾鳍黄褐色。体被细小的圆鳞，侧线完全。有2个背鳍。第二背鳍与臀鳍相对，其后各有5个分离的小鳍。尾柄短而细，尾鳍深叉形，尾鳍基两侧各有2个隆起的小嵴。

**生态习性**　暖温性中上层洄游鱼类，栖息于水深200 m以内的水体中上层，喜集群，有趋光性和垂直移动现象。摄食端足类、桡足类、多毛类、头足类、小鱼等。

**地理分布**　鲐分布于印度–西太平洋，在我国沿海均有分布。

**经济价值**　可食用鱼类，肉质结实，肉味佳，资源量大。

# 康氏马鲛

学　　名　*Scomberomorus commerson* (Lacepède, 1800)

别　　名　鲅鱼、扁鲅、马鲛

分类地位　鲈形目鲭科马鲛属

形态特征　身体延长而侧扁，呈长纺锤形。吻尖而长。身体背部灰蓝色，带绿色光泽；腹部灰白色；成鱼体侧有许多形状不规则的灰蓝色横纹。体被细小的圆鳞，易脱落；侧线鳞较大，明显；腹部大部分裸露无鳞。侧线完全。背鳍、胸鳍、尾鳍深褐色，臀鳍、腹鳍白色。个体较小者，第一背鳍黑色，中部白色；第二背鳍黄色，端部白色。第一背鳍鳍棘细弱，部分可收折于背沟内；第二背鳍与臀鳍形状相同。在第二背鳍和臀鳍之后分别有9个和8个分离的小鳍。尾柄细，尾鳍黄色，略带深灰色，深叉形，尾鳍基两侧各有1个长而高的中央隆起嵴和2个隆起的小嵴。

生态习性　近海暖水性中上层鱼类，行动迅速，善于长距离游泳，喜集群。性凶猛，肉食性，主要以小鱼、甲壳动物为食。

地理分布　康氏马鲛分布于印度-西太平洋，在我国分布于黄海、东海、南海。

保护级别　被IUCN列为近危物种。

# 蓝点马鲛

学　　名　*Scomberomorus niphonius* (Cuvier, 1832)

别　　名　鲅鱼、马鲛

分类地位　鲈形目鲭科马鲛属

形态特征　身体延长而侧扁。吻尖而长。身体背部铅蓝色，带黄绿色光泽，腹部银白色，体侧有多列斑点。体被细小的圆鳞，易脱落。侧线完全。第一背鳍及第二背鳍前部鳍条末端黑色，其余鳍灰色或深灰色。第一背鳍鳍棘细弱，部分可收折于背部浅沟内；第二背鳍与臀鳍形状相同，其后各有8～9个小鳍。尾柄细，尾鳍叉形，尾鳍基两侧各有3个隆起嵴。

生态习性　近海暖温性中上层鱼类，行动敏捷，善于长距离游泳，喜集群。性凶猛，主要以小鱼、甲壳动物为食。

地理分布　蓝点马鲛分布于印度–西太平洋，在我国分布于渤海、黄海、东海。

经济价值　可食用，肉味鲜美，经济价值高。

# 青干金枪鱼

**学　　名**　*Thunnus tonggol* (Bleeker, 1851)

**别　　名**　青干

**分类地位**　鲈形目鲭科金枪鱼属

**形态特征**　身体纺锤形，稍侧扁，横切面近圆形。身体背部蓝褐色，腹部颜色较浅，体侧在胸、腹部有若干浅色椭圆形斑纹。体被细小的圆鳞，头部无鳞，胸部鳞片特别大，形成胸甲。侧线完全。有2个背鳍，灰褐色至灰黑色，第二背鳍起点在臀鳍起点前上方，镰形，前部鳍条长于后部鳍条和第一背鳍，其后方有8～9个分离的小鳍。胸鳍较长，镰形，灰褐色至灰黑色，向后延伸至第一背鳍末端下方或第二背鳍起点下方。腹鳍灰褐色至灰黑色。臀鳍与第二背鳍形状相同，其后有8个分离的小鳍。尾柄细，每侧中央有1个发达的隆起嵴。尾鳍灰黑色，带黄绿色光泽，新月形，基部每侧有2个小的隆起嵴。

**生态习性**　大洋性中上层鱼类。以小鱼、甲壳动物、头足类为食。

**地理分布**　青干金枪鱼分布于印度–太平洋，在我国分布于东海南部、南海。

**经济价值**　可食用经济鱼类，肉质结实，可制作生鱼片。

# 刺鲳

学　　名　*Psenopsis anomala* (Temminck & Schlegel, 1844)

别　　名　南鲳、肉鱼、瓜仔鲳

分类地位　鲈形目长鲳科刺鲳属

形态特征　身体侧扁，侧面观呈长卵圆形。鳃盖后上角有1个黑斑。成鱼身体背部灰青色，带银色光泽；腹部灰白色。幼鱼身体浅褐色。体被薄圆鳞，极易脱落；头部无鳞。侧线完全。各鳍浅灰色。有1个背鳍，鳍棘部有6～9枚独立的小棘。腹鳍小，可收折于腹部凹沟内。臀鳍与背鳍鳍条部相对、形状相同。尾鳍叉形。

生态习性　近海暖温性鱼类，栖息于泥沙或沙质底质海域。幼鱼成群漂游在水体表层，有时躲在水母触手间，或躲在水母下面游泳；成鱼则生活于水体近底层，只在晚上才到水体表层寻找食物。摄食底栖硅藻、浮游动物、小型底栖动物等。

地理分布　刺鲳分布于西太平洋，在我国分布于黄海、东海、南海。

经济价值　可食用经济鱼类，肉味鲜美，产量高。

# 中国鲳

学　　名　*Pampus chinensis* (Euphrasen, 1788)

别　　名　白鲳、鲳鱼

分类地位　鲈形目鲳科鲳属

形态特征　身体极侧扁，侧面观呈菱形。身体背部青灰色，带金黄色和铜蓝色金属光泽；腹部银白色。体被细小的圆鳞，极易脱落。侧线完全。胸鳍深灰色；其余鳍灰褐色，边缘灰黑色。有1个背鳍，前方小棘呈戟状，埋于皮下，前部鳍条延长，向后依次渐短。胸鳍宽大，无腹鳍，臀鳍与背鳍形状相同，尾鳍叉形。

生态习性　近海暖水性中下层鱼类，栖息于水深30～100 m的泥沙底质海域。幼鱼成群漂游在水体表层，有时躲在水母下面游泳；成鱼则生活于水体中下层。以浮游动物、小型底栖动物等为食。

地理分布　中国鲳分布于印度–西太平洋，在我国分布于东海、南海，偶尔见于黄海南部。

经济价值　名贵的可食用鱼类，肉味鲜美，有重要的经济价值。

# 灰鲳

学　　名　*Pampus cinereus* (Bloch, 1795)

别　　名　黑鲳、鲳鱼、平鱼、镜鱼

分类地位　鲈形目鲳科鲳属

形态特征　身体极侧扁，侧面观呈菱形。身体背部灰褐色，带金黄色金属光泽；腹部银灰色。体被细小的圆鳞，极易脱落。侧线完全。臀鳍、尾鳍灰黄色，其余鳍深灰色。背鳍与臀鳍前分别有8～10枚和5～7枚戟状小棘，幼鱼小棘明显，成鱼小棘完全埋于皮下。背鳍与臀鳍形状相同，前部鳍条均延长，幼鱼时鳍条延长更明显，其末端超过尾柄。胸鳍宽大，无腹鳍。尾鳍深叉形，下叶延长。

生态习性　近海暖水性中下层鱼类，栖息于水深30～80 m的泥沙底质海域。幼鱼成群漂游在水体表层，有时躲在水母下面游泳；成鱼则生活于水体中下层，只在晚上才到水体表层寻找食物。以浮游动物、小型底栖动物等为食。

地理分布　灰鲳分布于印度-西太平洋，在我国分布于东海、南海。

经济价值　名贵的可食用经济鱼类，肉质佳，经济价值高，产量不高。

# 镰鲳

学　　名　*Pampus echinogaster* (Basilewsky, 1855)

别　　名　白鲳、鲳鱼、平鱼、镜鱼

分类地位　鲈形目鲳科鲳属

形态特征　身体极侧扁，侧面观呈卵圆形。身体背部深灰色，带金黄色金属光泽；腹部银灰色，带银色金属光泽。体被细小的圆鳞，极易脱落。侧线完全。各鳍浅灰色。背鳍与臀鳍前有数个戟状小棘，幼鱼小棘明显，成鱼小棘埋于皮下。背鳍与臀鳍形状相同，前部鳍条延长，后缘镰形。胸鳍宽大，无腹鳍，尾鳍深叉形。

生态习性　暖温性中下层鱼类，主要栖息于泥沙底质海域。平时栖息于外海，每年春末游向近海。以浮游动物、小型底栖动物等为食。

地理分布　镰鲳分布于西北太平洋，在我国分布于渤海、黄海、东海。

经济价值　名贵的可食用经济鱼类，肉味鲜美，经济价值高，产量也高。

# 珍鲳

学　　名　*Pampus minor* Liu & Li, 1998

别　　名　白鲳、鲳鱼、平鱼、镜鱼

分类地位　鲈形目鲳科鲳属

形态特征　身体极侧扁，侧面观近菱形。体背部银灰色，带蓝色和金黄色光泽；腹部银白色。体被细小的圆鳞，极易脱落，背鳍与臀鳍鳍条上也被细鳞。侧线完全。各鳍灰白色。背鳍顶端灰黑色，与臀鳍形状相同，前部鳍条延长，呈镰形。背鳍与臀鳍前分别有7～9枚和5～7枚戟状小棘，幼鱼小棘明显，成鱼小棘大部分埋于皮下，只有端部露在皮外。胸鳍宽大，无腹鳍。尾柄背缘黑灰色，尾鳍深叉形，下叶比上叶长，上、下叶末端及内缘灰黑色。

生态习性　近海暖水性中下层小型鱼类，栖息于水深20～60 m的泥沙底质海域。幼鱼成群漂游在水体表层，有时躲在水母下面游泳；成鱼则生活于水体中下层，只在晚上才到水体表层寻找食物。以浮游动物、小型底栖动物等为食。

地理分布　珍鲳分布于西太平洋，在我国分布于东海、南海。

经济价值　名贵的可食用经济鱼类，肉味鲜美，经济价值高，产量尚可。

引自Hokudai.ac.jp

# 褐牙鲆

学　名　*Paralichthys olivaceus* (Temminck & Schlegel, 1846)

别　名　偏口、牙片鱼、扁鱼、比目鱼

分类地位　鲽形目牙鲆科牙鲆属

形态特征　身体侧扁，侧面观呈长卵圆形。两眼均位于头部左侧。口斜裂，左右对称。有眼侧身体灰褐色或深褐色，在侧线直线部中央及前端上、下各有1个瞳孔大小的黑斑，其余部分散布若干环纹或斑点；背鳍、臀鳍、尾鳍均有斑纹，胸鳍有黄褐色点列或横条纹。无眼侧身体为白色，各鳍浅黄色。有眼侧被小栉鳞，无眼侧被圆鳞；头部仅吻、两颌及眼间隔前部无鳞。身体两侧的侧线同样发达。背鳍起点偏于无眼侧，在上眼前缘附近。臀鳍与背鳍相对。有眼侧胸鳍略大。尾柄稍长而宽，尾鳍后缘双截形。

生态习性　近海暖温性底层鱼类，栖息于浅海泥沙底质环境，夜间觅食，白天不太活动。肉食性，主要以小鱼、软体动物、甲壳动物为食。

地理分布　褐牙鲆分布于西北太平洋，在我国沿海均有分布。

经济价值　可食用经济鱼类，肉味鲜美，目前可人工养殖。

# 高眼鲽

学　　名　*Cleisthenes herzensteini* (Schmidt, 1904)

别　　名　鼓眼、长脖、高眼、偏口

分类地位　鲽形目鲽科高眼鲽属

形态特征　身体侧扁，侧面观呈长卵圆形。眼均位于头部右侧，上眼位很高，越过头背正中线，自左侧尚能看到其一部分。口弧形，左右对称。有眼侧身体褐色，无眼侧白色。鳞颇小。有眼侧大多为弱栉鳞，有时夹杂着圆鳞；无眼侧被圆鳞。身体两侧的侧线同样发达，几乎呈直线。背鳍起点偏于无眼侧，约与上眼瞳孔后缘相对。臀鳍与背鳍相对，起点约在胸鳍基底后下方。有眼侧的胸鳍略大。尾柄窄而长，尾鳍后缘弧形或略呈截形。

生态习性　近海冷温性底层鱼类，常栖息于60 m左右的泥沙底质环境。主要以小鱼、软体动物、甲壳动物为食。产卵期在4～6月份，受精卵孵化最适水温为16～20 ℃。

地理分布　高眼鲽分布于西北太平洋，在我国分布于渤海、黄海、东海。

经济价值　可食用经济鱼类，肉味鲜美。

# 石鲽

学　　名　*Kareius bicoloratus* (Basilewsky, 1855)

别　　名　二色鲽、石板、石镜、石夹、石江、偏口

分类地位　鲽形目鲽科石鲽属

形态特征　身体侧扁，侧面观呈长卵圆形。眼均位于头部右侧。口斜裂。有眼侧身体灰褐色，粗骨板微红，身体及鳍上散布小斑点；无眼侧灰白色。体无鳞。有眼侧头及体侧有大小不等的骨板，分散或成行排列，背鳍基底下方有1行较大的骨板，侧线上、下各有1纵行较大的骨板；无眼侧光滑，无骨板。侧线发达，几乎呈直线。背鳍起点偏于无眼侧，在上眼前缘稍后。两侧胸鳍形状不对称。臀鳍始于胸鳍基底后下方。尾柄短而宽，尾鳍后缘圆截形。

生态习性　近海冷温性底层鱼类，常栖息于泥沙底质环境。主要以虾、蟹、软体动物、沙蚕等为食。

地理分布　石鲽分布于西北太平洋，在我国分布于渤海、黄海、东海。

经济价值　可食用，在我国北方沿海有人工养殖。

# 角木叶鲽

| | |
|---|---|
| **学　　名** | *Pleuronichthys cornutus* (Temminck & Schlegel, 1846) |
| **别　　名** | 扁鱼、偏口、比目鱼、鼓眼 |
| **分类地位** | 鲽形目鲽科木叶鲽属 |

**形态特征**　身体侧扁而高，侧面观呈卵圆形。两眼均位于头部右侧。有眼侧身体灰褐色或稍带深红色，头、身体及鳍上散布小黑斑；无眼侧身体白色。身体两侧均被小圆鳞；头部除吻、两颌与眼间隔裸露外，其余均被鳞。左右侧线均发达。奇鳍边缘颜色较深。背鳍起点偏于无眼侧，位于鼻孔后方头背缘凹处。臀鳍与背鳍相对，起点约在胸鳍基底后下方。有眼侧的胸鳍略长。尾柄短而宽，尾鳍后缘弧形。

**生态习性**　近海暖温性底层鱼类，喜栖息于泥沙底质环境。主要以端足类、多毛类、海蛇尾等为食。

**地理分布**　角木叶鲽分布于西北太平洋，在我国沿海均有分布，在珠江到鸭绿江等江河的入海口也有分布。

**经济价值**　可食用经济鱼类，肉质佳。可入药。

# 角鳎

学　　名　*Aesopia cornuta* Kaup, 1858

别　　名　牛舌、角牛舌、扁鱼、比目鱼

分类地位　鲽形目鳎科角鳎属

形态特征　身体侧扁，侧面观呈长椭圆形。两眼均位于头部右侧。口裂弧形，左右不对称。有眼侧头和身体浅黄褐色，常有14条棕褐色横带状宽纹，横带纹两端分别伸入背鳍和臀鳍，有些个体横带纹前后缘较深，中央颜色较浅；第一背鳍鳍条浅黄白色，稍内侧深褐色；尾鳍中部黑褐色，有黄斑。无眼侧身体白色，奇鳍颜色较深。头和身体两侧被弱栉鳞，头左侧前方有些鳞片呈绒毛状。侧线发达。背鳍始于上眼前上方吻缘，第1枚鳍条粗、长、突出且有小突起，后部鳍条较长。臀鳍起点在鳃孔后端下方，与背鳍形状相似。背鳍和臀鳍后端与尾鳍相连。尾鳍后缘弧形。

生态习性　近海暖水性中小型底层鱼类，栖息于泥沙底质环境。以小型底栖甲壳动物为食。

地理分布　角鳎分布于印度-西太平洋，在我国分布于东海、南海。

经济价值　可食用，经济价值不高。

# 蛾眉条鳎

学　　名　*Zebrias quagga* (Kaup, 1858)

别　　名　龙舌、条鳎、比目鱼

分类地位　鲽形目鳎科条鳎属

形态特征　身体极侧扁，长舌状。两眼位于头部右侧，突出，上眼比下眼的位置稍靠
前，眉部各有1个黑褐色触角状的皮质突起。有眼侧身体为浅褐色，有11条深褐色横带，
横带间距小于横带宽，横带两端分别伸入背鳍和臀鳍；尾鳍灰黑色，常有4个带黄缘的
黑斑。无眼侧身体白色或浅黄色。头和身体两侧均被栉鳞。背鳍后部与尾鳍上缘前2/3相
连。两侧胸鳍大小不同。尾鳍稍尖。

生态习性　近海暖水性小型底层鱼类，栖息于较浅的泥沙底质海域。以底栖小型甲壳
动物为食。

地理分布　**蛾眉条鳎**分布于印度–西太平洋，在我国分布于东海、南海。

经济价值　可食用，经济价值不高。

# 焦氏舌鳎

学　　名　*Cynoglossus joyneri* Günther, 1878

别　　名　龙舌、牛舌、扁鱼、比目鱼

分类地位　鲽形目舌鳎科舌鳎属

形态特征　身体极侧扁，长舌状，向后渐尖。两眼均位于头部左侧，口裂弧形。有眼侧头和身体浅红褐色；鳞片中央有小点，相连形成纵纹；腹鳍、背鳍和臀鳍前半部鳍膜黄色，其余鳍褐色。无眼侧身体和各鳍白色。头和身体两侧均被较大的栉鳞。有眼侧有3条侧线，无眼侧无侧线。背鳍始于吻端稍后上方，后端鳍条最长，完全与尾鳍相连。臀鳍起点约在鳃盖后缘下方，后端完全与尾鳍相连。无胸鳍，仅有眼侧有腹鳍，尾鳍尖形。

生态习性　近海暖温性中小型底层鱼类，栖息于水深80 m以内的泥沙底质环境。主要以底栖的甲壳动物、多毛类等无脊椎动物为食。

地理分布　焦氏舌鳎分布于西北太平洋，在我国沿海均有分布。

经济价值　可食用经济鱼类，肉味鲜美。

# 半滑舌鳎

学　　名　*Cynoglossus semilaevis* Günther, 1873

别　　名　龙力、舌头、牛舌、鳎板

分类地位　鲽形目舌鳎科舌鳎属

形态特征　身体延长，侧扁，呈长舌状。两眼均位于头部左侧。口裂弧形，口角后端延伸至下眼后缘下方。有眼侧身体深褐色，奇鳍褐色；无眼侧身体灰白色。有眼侧被栉鳞，无眼侧被圆鳞。有眼侧有3条侧线，无眼侧无侧线。背鳍始于吻前端上缘，臀鳍起点约在鳃盖后缘下方，背鳍与臀鳍均与尾鳍相连。无胸鳍。有眼侧腹鳍与臀鳍相连，无眼侧无腹鳍。尾鳍尖形。

生态习性　近海暖温性底层鱼类，栖息于泥沙底质环境，行动缓慢。性温和，主要以软体动物、甲壳动物为食。产卵期在9~10月份。

地理分布　半滑舌鳎分布于西北太平洋，在我国沿海均有分布。

经济价值　可食用经济鱼类，过去产量较高，近些年资源衰退，目前已人工繁育成功，有望形成产业化养殖品种。

# 绿鳍马面鲀

学　　名　*Thamnaconus modestus* (Günther, 1877)

别　　名　马面鱼、象皮鱼、皮匠刀、面包鱼、扒皮鱼

分类地位　鲀形目单角鲀科马面鲀属

形态特征　身体稍延长，侧扁，侧面观呈长椭圆形。吻长，尖而突出。身体蓝灰色，幼鱼体侧有灰蓝绿色斑纹，成鱼斑纹不明显。头和身体均被细小的鳞，鳞面基板上因有很多鳞棘而显得粗糙。无侧线。第一背鳍灰褐色，有2枚鳍棘：第1枚鳍棘较长；第2枚鳍棘短小，紧贴在第1枚鳍棘后侧，常隐于皮下。第二背鳍绿色，前部鳍条较长，以第9～12枚鳍条最长。胸鳍绿色。臀鳍绿色，与第二背鳍形状相同。腹鳍特化为1枚短棘，不能活动。尾柄稍细长，尾鳍绿色。

生态习性　外海暖温性中下层鱼类，栖息于水深50～120 m的泥沙底质海域，喜集群。捕食桡足类、介形类、端足类等浮游动物和小型底栖动物。

地理分布　绿鳍马面鲀分布于西北太平洋，在我国沿海均有分布。

经济价值　可食用，肉味鲜美，为黄海和东海主要捕捞对象之一，产量高。肝能用于提取鱼肝油、明胶等。

# 棕斑兔头鲀

小贴士

棕斑兔头鲀的卵巢、肝脏有毒，误食很危险；皮、肉、精巢无毒。

学　　名　*Lagocephalus spadiceus* (Richardson, 1845)

别　　名　腹刺鲀、气鼓鱼、河鲀

分类地位　鲀形目鲀科兔头鲀属

形态特征　身体稍侧扁，近圆柱状，前部粗，向后逐渐变细。上颌稍突出，上、下颌骨与齿愈合，各形成2个喙状齿板，中央骨缝明显。头和身体背部棕黄色或绿褐色，腹部乳白色，体侧下缘两侧自口角下方至尾柄末端有1纵行银白色皮褶，在头后背部、背鳍基底、尾柄上有时有深褐色云状斑纹或横带。体侧有几个深褐色云状斑，云状斑下方黄色。头、身体背部和腹部均被小刺，侧面光滑无小刺。侧线发达。有1个背鳍，镰形，棕黄色。胸鳍宽而短，棕黄色。无腹鳍。臀鳍白色。尾柄呈锥状，稍侧扁。尾鳍棕黄色，上、下叶尖端白色，后缘浅凹形。

生态习性　近海暖水性中小型底层鱼类，栖息于较深水层。主要以甲壳动物、软体动物、小鱼为食。

地理分布　棕斑兔头鲀分布于印度-西太平洋，在我国分布于黄海、东海、南海。

经济价值　经过专门加工后，肉可食用。可提炼河鲀毒素。鳔与皮有一定的药用价值。

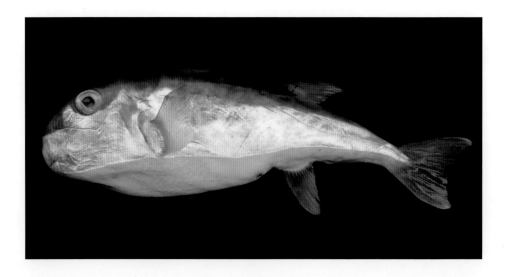

# 铅点东方鲀

学　　名　*Takifugu alboplumbeus* (Richardson, 1845)

别　　名　河鲀、廷巴鱼、气鼓鱼

**分类地位**　鲀形目鲀科东方鲀属

**形态特征**　身体近圆柱状，前部较粗，向后逐渐变细。上、下颌骨与齿愈合，各形成2个喙状齿板，中央骨缝明显。身体背部侧面茶褐色，散布大小不一的浅绿色圆斑，圆斑边缘黄褐色，形成网纹；体侧中下方黄色；腹部乳白色。在眼间隔、胸鳍后上方的背部、背鳍前方和基部以及尾柄上各有1条黑褐色宽横纹。体侧在胸鳍上方各有1个黑色胸斑，但不明显；背部有1条横带连接两侧胸斑。体侧下缘的纵行皮褶发达。头部及身体背部、腹部均密被小刺。背鳍略呈镰形，臀鳍与背鳍形状相同。胸鳍宽而短，近方形。尾柄细长，后部逐渐侧扁。尾鳍后部灰褐色，后缘截形，其余鳍浅黄色。

**生态习性**　暖水性中小型底层鱼类，栖息于水深100～120 m的海域。肉食性，主要以软体动物、多毛类、甲壳动物、小鱼等为食。

**地理分布**　铅点东方鲀分布于印度洋北部和西太平洋，在我国沿海均有分布。

**经济价值**　经过专门加工后，肉可食用。可提炼河鲀毒素。

# 星点东方鲀

**学　　名**　*Takifugu niphobles* (Jordan & Snyder, 1901)

**别　　名**　河鲀、廷巴鱼、气鼓鱼

**分类地位**　鲀形目鲀科东方鲀属

**形态特征**　身体近圆柱状，头胸部较粗，微侧扁。上、下颌骨与齿愈合，各形成2个喙状大齿板，中央骨缝明显。身体草绿色或褐绿色，腹部乳白色，背部散布乳白色小斑点。体侧皮褶浅黄色。体侧在胸鳍后上方有1个黑斑，左右胸斑被背部的黑褐色横纹连接。体侧下缘两侧各有1纵行皮褶。身体背部自鼻孔后缘上方至背鳍起点稍前方，以及腹部自鼻孔前缘下方至肛门稍前方均被较强小刺，背刺区与腹刺区分离。侧线发达。有1个背鳍，镰形，黄色，基部有1个大黑斑。胸鳍宽而短，近方形，黄色。无腹鳍。臀鳍浅黄色，与背鳍相对、形状相同。尾柄圆锥状。尾鳍宽大，黄色，后缘橙黄色。

**生态习性**　近海暖温性中小型底层鱼类，栖息于海藻丛生的环境，也进入河口。主要以软体动物、多毛类、甲壳动物、小鱼等为食。

**地理分布**　星点东方鲀分布于西太平洋，在我国沿海均有分布。

**经济价值**　经过专门加工后，肉可食用。可提炼河鲀毒素。

# 假睛东方鲀

学　　名　*Takifugu pseudommus* (Chu, 1935)

别　　名　黑廷巴、廷巴鱼、气泡鱼、河鲀

分类地位　鲀形目鲀科东方鲀属

形态特征　身体近圆柱状，头胸部较粗，微侧扁。头钝圆，上、下颌骨与齿愈合，各形成2个大齿板，中央骨缝明显。身体背部自鼻孔后方至背鳍起点稍前方，以及腹部自鼻孔下方至肛门稍前方均被较强小刺，背刺区与腹刺区分离。侧线发达，体侧皮褶发达。有1个背鳍，镰形。臀鳍与背鳍相对、形状相同。胸鳍宽而短。尾鳍宽大，后缘平截形。成鱼身体青黑色，腹部乳白色；体侧胸斑大，黑色，白色边缘明显，胸斑后方常有1列较小黑斑，不规则散布；纵行皮褶铅灰色，无黄色纵带；背鳍基底有1个黑色大斑，胸鳍、背鳍、臀鳍末端灰褐色，尾鳍黑色。体色花纹变异大：体长17 cm以下时，身体上散布白色小斑点；体长20 cm左右时，白斑逐渐不明显；体长24 cm左右时，白斑消失，体侧有黑斑。

生态习性　近海暖温性中型底层鱼类，栖息于海藻丛生的环境，有时进入淡水。主要以软体动物、甲壳动物、小鱼等为食。

地理分布　假睛东方鲀分布于西北太平洋，在我国分布于渤海、黄海、东海，以及长江和黄河流域及河口。

经济价值　肉味极美，为河鲀中的上品，经济价值高，为我国北方沿海重要的养殖对象。

# 红鳍东方鲀

**学　　名**　*Takifugu rubripes* (Temminck & Schlegel, 1850)

**别　　名**　黑廷巴、廷巴鱼、气泡鱼、河鲀

**分类地位**　鲀形目鲀科东方鲀属

**形态特征**　身体近圆柱状，头胸部较粗，微侧扁。上、下颌骨与齿愈合，各形成2个大齿板，中央骨缝明显。身体背部及体侧上部青黑色，腹部白色，体侧皮褶黄色，体背有许多浅灰色小斑点。体侧胸鳍后上方有1个黑色白缘的眼状大斑，胸鳍前后体侧有许多小黑斑。头部及身体背部、腹部均被较小强刺，吻侧、鳃孔后部体侧面及尾柄光滑无刺，背刺区与腹刺区分离。侧线发达。胸鳍浅灰色；臀鳍白色，基部浅红色；其余鳍黑色。体侧皮褶发达。有1个背鳍，略呈镰形，与臀鳍相对、形状相同。胸鳍宽短，近方形。无腹鳍。尾鳍宽大，后缘近平截形。

**生态习性**　近海暖温性中大型底层鱼类，栖息于海藻丛生的环境，幼鱼生活于河口等半咸水。主要以软体动物、多毛类、甲壳动物、小鱼等为食。

**地理分布**　红鳍东方鲀分布于西北太平洋，在我国分布于渤海、黄海、东海。

**经济价值**　肉味极美，为河鲀中的上品，经济价值高，为我国北方沿海重要的养殖对象。可提炼河鲀毒素。

**保护级别**　被IUCN列为近危物种。

# 黄鳍东方鲀

学　　名　*Takifugu xanthopterus* (Temminck & Schlegel, 1850)

别　　名　河鲀、廷巴鱼、气鼓鱼

分类地位　鲀形目鲀科东方鲀属

形态特征　身体近圆柱状，头胸部较粗，稍侧扁，躯干后部较细。唇厚，浅黄色。齿与上、下颌骨愈合，各形成2个大齿板，中央缝明显。头和身体背部青灰色至蓝黑色，腹部乳白色。身体后部背侧有3～4条蓝黑色弧形宽纹，最下面2条与背缘平行，向尾部延伸，宽纹间有白色细条纹。胸鳍附近的带纹末端相连，呈椭圆形。体侧下缘纵行皮褶发达，幼鱼体侧下缘纵行皮褶黄色，成鱼乳白色。身体背部自鼻孔前缘上方至背鳍前方、腹部自鼻孔后缘下方至肛门前方均被小刺。侧线发达。各鳍均为橙黄色。有1个背鳍，略呈镰形，中部鳍条延长，基底有1个椭圆形、带白边的蓝黑色大斑。胸鳍宽而短，近似方形，基底内外侧各有1个带白边的蓝黑色大斑。臀鳍与背鳍相对、形状相同。尾鳍宽大，后缘浅凹形。

生态习性　近海暖温性中小型底层鱼类，栖息于泥沙底质海域或岩礁周围，喜集群，幼鱼生活于半咸水。肉食性，主要以软体动物、多毛类、甲壳动物、小鱼等为食。

地理分布　黄鳍东方鲀分布于西北太平洋，在我国沿海均有分布。

经济价值　经过专门加工后，肉可食用。可提炼河鲀毒素。

引自 Bernard Dupont

引自 Malene Thyssen

# 六斑刺鲀

学　　名　*Diodon holocanthus* Linnaeus, 1758

别　　名　刺鲀、气鼓鱼、气球鱼

分类地位　鲀形目刺鲀科刺鲀属

形态特征　身体宽而短，呈椭球状，前部稍平扁。两颌各有1个喙状大齿板，无中央骨缝。眼间隔有1条黑褐色斑纹，头后部鳃孔前方有1条黑色宽横纹。身体背部灰褐色，腹部乳白色，身体背部及两侧有一些大的云状黑色斑块和许多小斑点。左右胸鳍基部上方各有1个黑褐色斑块，背鳍前方有1个黑褐色横斑，背鳍基底有1个黑色圆斑。除吻部及尾柄外，全身被长棘，能活动。各鳍均为灰白色。有1个背鳍，略呈长方形。臀鳍与背鳍形状相同。胸鳍宽而短，略呈梯形。尾柄细长，稍侧扁，尾鳍后缘近弧形。

生态习性　近海暖水性中小型底层鱼类，栖息于泥沙或岩礁底质的开放海域。肉食性，主要以大型甲壳动物为食。遇到敌害时，身体膨大为球状，各棘直立，进行防卫。

地理分布　六斑刺鲀分布于世界各大洋，在我国分布于黄海南部、东海、南海。

经济价值　可观赏。

# 翻车鲀

学　　名　*Mola mola* (Linnaeus, 1758)

别　　名　翻车鱼、蜇鲂、蜇鱼

分类地位　鲀形目翻车鲀科翻车鲀属

形态特征　身体侧扁，侧面观近圆形。上、下颌齿分别愈合成1个喙状齿板，中央无缝。身体背面和各鳍灰褐色，腹部银白色。体表无鳞，皮肤较厚，粗糙，革状。有1个背鳍，高而尖，略呈尖刀状。胸鳍短，后缘弧形。无腹鳍。臀鳍与背鳍相对、形状相同。无尾柄。尾鳍宽而短，后缘波纹状，上、下缘分别与背鳍和臀鳍相连。

生态习性　大洋暖水性大型鱼类。小个体较活泼，常跃出水面；大个体行动迟缓，天气晴朗无风时，常浮出水面。主要以海藻、软体动物、小鱼、水母、浮游甲壳动物为食。

地理分布　翻车鲀分布于世界各大洋，在我国主要分布于东海、南海，偶见于黄海、渤海。

保护级别　被IUCN列为易危物种。

引自 LA StaRS

引自 Moosealope